Die Spezielle

Relativitäts-Theorie

an Beispielen erklärt

von

Christian Stetter

Verlag und Druck:
tredition GmbH,
Halenreie 40-44,
22359 Hamburg

ISBN

Paperback: 978-3-7469-9420-8

Hardcover: 978-3-7469-9421-5

Vorwort

Ich war schon als Schüler an naturwissenschaftlichen Themen interessiert. Nach dem Besuch des Gymnasiums wechselte ich nach der 10. Klasse auf das Technische Gymnasium über. In der zwölften Klasse musste ich jedoch die Schule wegen Krankheit abbrechen.
Wäre dieser tiefe Einschnitt nicht gewesen, hätte ich wohl nach dem Abitur einen technischen Beruf gewählt.
Doch es sollte anders kommen!
Durch diese Krankheit baute ich eine tiefe Beziehung zu Jesus auf. Für mich sind Religion und die Wissenschaft - wie die Physik - kein Widerspruch. Ich denke, beide Gebiete haben ihre Berechtigung! Während die Physik den Ursprung aller Zeit und Beginn mit dem Urpunkt, also mit dem Urknall beschreibt, geht die Religion einen anderen Weg.
Im Johannesevangelium beginnt der „Ursprung“ mit den Worten:
„Am Anfang, bevor die Welt geschaffen wurde, war ER (Christus), der das Wort ist. ER war bei Gott und in allem Gott gleich. Von Anfang an war ER bei Gott. Durch ihn wurde alles geschaffen; nichts ist entstanden durch ihn!“

Für die Physik beginnt alles mit dem Urpunkt: zur Planck Zeit - ca. 10^{-44} Sekunden - der Plancklänge - ca. 10^{-35} Meter -und der Planktemperatur - $1{,}4\times 10^{32}$ Kelvin.
Nach diesem „Anfang" beginnt für die Physiker die Zeitrechnung.
Für die Religion jedoch ist Gott der Ursprung. Gott ist der Souveräne, also der, der alles bestimmt. Er urteilt nach seinem Ermessen: Sein Name ist „Ich bin der ich bin!" So ist die Gottheit die Ewigkeit. Für sie gibt es weder Anfang noch Ende; und das ist der Unterschied zur Physik! Sie beginnt mit der Zeit 10^{-44} Sekunden. Seit dem großen Physiker Galileo Galileikamen noch weitere bedeutende Physiker: Kepler, Kopernikus, Newton, Einstein, Schrödinger, Pauli, von Heisenberg, Planck uvm. .
Durch diese Physiker begann der Siegeszug der Physik. Nun konnte man die scheinbar undenkbaren Rätsel der Natur erklären. Einige Physiker sind Atheisten. Sie glauben, dass es keinen Gott geben muss! Denn alles läuft - so ihre Meinung - von selbst. Für die Gesetze des Alls bedarf es keinen Gott.
Ich jedoch bin da anderer Meinung!
Für mich ist Gott der Schöpfer aller Materie und Energie. Nun, die Physik kann nicht eindeutig erklären, was vor dem Urpunkt existierte.

Sie beschreibt nur die Gesetze, die aus diesem Urpunkt entstanden sind.
Wenn es keinen Gott gäbe, so denke ich, gäbe es auch keine Gesetze. Er ist der Ursprung und somit auch derjenige, der alles erschaffen hat.
Einsteins physikalische Arbeiten haben das Weltbild auf entscheidende Art und Weise verändert.
Die moderne Physik - die Physik Einsteins - beschreibt in der „Speziellen Relativitätstheorie“ unter anderem die Beziehungen von bewegten und ruhenden Systemen. Durch die Lorentztransformation können diese Inertialsysteme bestimmt werden.
In meiner Abhandlung der „Speziellen Relativitätstheorie“ möchte ich dem Leser durch nachvollziehbare verständliche theoretische Fragen die Materie nahebringen
So will ich dem Leser einen kleinen Einblick in die Abhandlung von Albert Einstein geben.
Ich hoffe, Sie sind auch der Meinung wie ich, dass Einsteins Arbeit über die Spezielle Relativitätstheorie voller mathematischer Raffinesse ist.

Ich wünsche Ihnen viel Freude beim Lesen!!

Inhaltsverzeichnis:

Die Lorentztransformation

Die Lorentztransformation wird von der Galileitransformation hergeleitet:
Galileitransformation:

$x = x' + vt'$	$x' = x - vt$	**wobei v die Relativ-**
$y = y'$	$y' = y$	**geschwindigkeit der beiden**
$z = z'$	$z' = z$	**Systeme zu**
$t = t'$	$t' = t$	**einander ist.**

Die Lorentztransformation:

Die Galileitransformation hat nicht die Eigenschaft der Konstanz des Lichts (in der klassischen Mechanik wurde ja die Zeit und der Raum als absolutes System angesehen und außerdem rechnete man mit der unendlichen Geschwindigkeit).
Außerdem sind die Transformationsgleichungen von Galilei nur für zum Licht im Vergleich langsame Geschwindigkeiten zuständig. Man braucht also einen Korrekturfaktor k, um die alten von Galilei aufgestellten Transformationen zu berichtigen.

Die x-Koordinate

Hierzu machen wir ein kleines Gedankenexperiment. Angenommen ein Lichtimpuls wird bei x = 0 und t = 0 emitiert.
Er legt dann in einer Zeiteinheit t den Weg x = ct zurück, wobei c die Lichtgeschwindigkeit bedeutet. In einem anderen Inertialsystem gilt dann x `= ct`.

Wir setzen nun die Galileische mit dem Korrekturfaktor versehene x-Gleichung ein:

x `= k (x - vt) wird dann zu ct`= k (c-v) t
x = k (x`+ vt`) wird dann zu ct k (c+v) t ` (1)
Wir multiplizieren nun beide Gleichungen miteinander.
Es ergibt sich:

ct`= k (c-v) t
ct = k (c+v) t`

(1a) c^2tt`= $k^2$ (c-v) (c+v) tt`= c^2tt` k^2 (c^2-v^2). Es gilt (c-v)(c+v) = c^2 - v^2. Diese Formel wird nun durch c^2 geteilt und man erhält (1-v^2/c^2).
Es folgt dass k^2 (1-v^2 / c^2) gleich 1 entspricht, denn es gilt ja wenn man (1a) durch c^2 teilt:

tt`= tt`k^2 (1- v^2 / c^2)

Wenn aber $k^2 \times (1- v^2 / c^2) = 1$ ist, dann lässt sich der Faktor k wie folgt berechnen:

$$\sqrt{1} = \sqrt{k^2 \,(1 - v^2/c^2)} \qquad 1 = k$$

$$\sqrt{1 - v^2/c^2}$$

$$k = \frac{1}{\sqrt{1-v^2/c^2}} \gg \qquad x` = \frac{x-vt}{\sqrt{1-v^2/c^2}} \qquad (2)$$

Die y-Koordinate:

Nach der Galileischen Transformation gilt für y ja:
y` = y und umgekehrt y = y`. Nun wollen wir einen Korrekturfaktor q in die Gleichung einbauen:
y `= q y und y = q y`.
Die Terme führen sofort nach gegenseitigem Verbinden zu folgendem Ergebnis: y`= $q^2$ y`
Nun gilt für q entweder +1 oder -1.
Wir können nur + 1 gelten lassen, denn das Vorzeichen - würde ja zu einer Spiegelung am Ursprung führen. Für q gilt also: q = 1 und somit bleibt die Koordinatengleichung für y von Galilei auch in der neuen Transformation bestehen. Es gilt':

y= y` und y = y′ (3)

Die z-Koordinate:

Auch bei der Transformation der z-Koordinate lässt sich wie bei der y-Koordinate der Korrekturfaktor q einfügen.
Es führt zu folgendem Ergebnis:
z `= qz und z = qz

Wie auch beim Term (7) führt die Vereinbarung der beiden Gleichungen zur Identifikation`z:

$z` = q^2 z`$; $q = 1$

Hierzu scheidet aus dem selben Grund wie bei der Koordinate y die - 1 aus und die Transformation für z lautet:

$z` = z$ und $z = z'$ (4)

Die t-Koordinate:

Die Galileische x-Transformationen besagen

$x` = x-vt$ und $x = x` + vt`$

Wir fügen nun den Korrekturfaktor k hinzu und lösen die letztere Gleichung nach t`auf:

$x = k\,(x` + vt`)$ $x` = k\,(x-vt)$ Es ergibt sich

$t` = \frac{1}{v}\left(\frac{x}{k} - x`\right)$ (5)

Nun ergänzen wir Formel (5) mit der anderen x-Gleichung und erhalten:

$$t` = \frac{1}{v}\left(\frac{x}{k} - k\,(x-vt)\right) = \frac{1}{kv}x - \frac{k}{v}x + kt$$

Es folgt:

$$t` = k\left(\frac{1}{k^2} \times \frac{x}{v} - \frac{x}{v} + t\right) \qquad \equiv \qquad k = \frac{1}{\sqrt{1-\frac{v^2}{c^2}}}$$

$$= k\left(-\frac{x}{v}\left(-\frac{1}{k^2} + 1\right) + t\right) \qquad \frac{1}{k} = \sqrt{1-\frac{v^2}{c^2}}$$

$$= k\,(t - \frac{x}{v}\,(1 - \frac{1}{k^2})) \qquad \equiv \qquad \frac{v^2}{c^2} = 1 - \frac{1}{k^2}\ (6)$$

$$= k\,(t - \frac{x}{v} \times \frac{v^2}{c^2})$$

$$= k\,(t - \frac{v}{c^2}\,x)$$

1- 1 /k2 ist ja eine Umdrehung des von k: hergeleiteten Faktor

$$k = \frac{1}{1-\frac{v^2}{c^2}} \equiv \frac{v^2}{c^2} = 1 - \frac{1}{k^2} \quad (6)$$

Die vollständige Transformation lautet nun:

$$x = \frac{x` + vt'}{\sqrt{1-\frac{v^2}{c^2}}} \qquad x` = \frac{x - vt}{\sqrt{1-\frac{v^2}{c^2}}}$$

$$y = y` \qquad y` = y$$

$$z = z` \qquad z` = z$$

$$t = \frac{t` + \frac{v}{c^2}x`}{\sqrt{1-\frac{v^2}{c^2}}} \qquad t` = \frac{t - \frac{v}{c^2}\,x}{\sqrt{1-\frac{v^2}{c^2}}}$$

Beispiele zur Lorentztransformation:

Aufgabe 1:

Lösen Sie folgende Aufgabe rechnerisch mit der Lorentztransformation: Ein Ereignis E (1) hat im System I die Koordinaten (x = 15 Ls ; t = 18 s). Welche Koordinaten hat das Ereignis I `, das sich mit der Geschwindigkeit v = 0,8 c relativ zu I bewegt?
Welche Koordinaten haben die Ereignisse E (2) (x = 5 LS ; t = 5s), E (3) (x = 16Ls ;tv = 3s), E(4) (x = 2/3 Ls ; t = 13s), E (5) (x = 25 Ls ; t = 6s)?
Für E(4) und E(5) soll die relative Geschwindigkeit
v = 0,65 c gelten.

E(1) x = 15 Lst = 18s v = 0,8c

$$x` = \frac{1}{\sqrt{1-\frac{v^2}{c^2}}} \times (x-vt) = 1/0,6 \times (15Ls - 0,8c \times 18s)$$

$$= 1/\,0,6 \times 0,6 = 1Ls$$

$$t` = \frac{1}{\sqrt{1-\frac{v^2}{c^2}}} \times (t\text{-}v/c^2\ x) = 1\ /\ 0{,}6 \times (18s - 0{,}8\ c \times 15$$

$$Ls\ /c) = 1/\ 0{,}6 \times 6 = 10\ s$$

Für E(1) gilt: (1Ls / 10s)

E(2) x = 5Ls ; t = 5s v = 0,8c

$$x` = \frac{1}{\sqrt{1-\frac{v^2}{c^2}}} \times (x\text{-}vt) = 1\ /0{,}6 \times (5Ls - 0{,}8c \times 5s)$$

$$= 1\ /0{,}6 \times 1 = 5/3Ls$$

$$t` = \frac{1}{\sqrt{1-\frac{v^2}{c^2}}} \times (t - v/c^2\ x) = 1\ /\ 0{,}6 \times (5s - 0{,}8c \times 5Ls\ /c$$

$$= 1\ /\ 0{,}6 \times 1 = 5/3\ s$$

Für E(2) gilt (5/3Ls / 5/3 s)

E(3) x = 16 Ls ; t = 3s v = 0,8c

$$x` = \frac{1}{\sqrt{1-\frac{v^2}{c^2}}} \times (x\text{-}vt) = 1/\,0{,}6 \times (16Ls - 0{,}8c \times 3s)$$

= 1/ 0,6 × 13,6 = 22 2/3 Ls

$$t` = \frac{1}{\sqrt{1-\frac{v^2}{c^2}}} \times (t\text{-}\ v/c^2\ x) = 1\ /\ 0{,}6 \times (3s - 0{,}8\ c \times 16\ Ls$$

/c)

= 1/0,6 × -9,8 = - 16 1/3

Für E(3) gilt: (22 2/3 Ls / -16 1/3)

E(4) x= 2/3 Ls ; t = 13 s v = 0,65 c

$$x` = \frac{1}{\sqrt{1-\frac{v^2}{c^2}}} \times (x\text{-}vt) = 1\ /0{,}759 \times (2/3\ Ls - 0{,}65\ c \times$$

13s)

= 1,3159× (- 7,78) = - 10,237Ls

$t` = \frac{1}{\sqrt{1-\frac{v^2}{c^2}}} \times (v/c^2x) = 1/\ 0,759\times$ (13 s - 0,65c × 2/3 Ls /c

= 1,3159× 12, 56 = 16, 5277 s

Für E(4) gilt: (-10,237Ls / 16,5277 s)

E(5) 25 Ls ; t = 6s v = 0,65 c

$x` = \frac{1}{\sqrt{1-\frac{v^2}{c^2}}} \times (x - vt)$ = 1 / 0,759(25 Ls - 0,65c × 6s)

= 1,3159×21,1 = 27, 765Ls

$t` = \frac{1}{\sqrt{1-\frac{v^2}{c^2}}} \times (t - v/c^2\ x)$ = 1 / 0,759 (6s - 0,65 c × 25 Ls /c)

= 1,3159 (-10, 25) = - 13, 487s

Für E(5) gilt (27, 765Ls / -13, 487 s)

Aufgabe 2

Zeigen Sie, dass die Relativität der Gleichzeitigkeit aus der Lorentztransformation folgt. Zwei Ergebnisse sollen im System I im Abstand x gleichzeitig erfolgen. Wie groß ist der Zeitunterschied dieser Ereignisse, gesehen von einem mit der Geschwindigkeit v bewegten Inertialsystem?
Nehmen wir an, die beiden Inertialsysteme seien zwei Raketen; Rakete A, die der Amerikaner , und Rakete B, die der Russen. Beide seien baugleich und daher gleichlang. Im Bug und im Heck eines jeden Raumschiffs befinde sich eine Uhr. Befinden sich die beiden Raumschiffe die mit v aneinander vorbeifliegen, nebeneinander, so soll an dem Ort, wo sich die Mitten der beiden Raumschiffe befinden, eine Blitzlampe gezündet werden. Das Lichtsignal läuft zu den Uhren und setzt sie in Gang. Vom Standpunkt der Amerikaner werden die beiden Uhren gleichzeitig gestartet, da die Zeitsignale zugleich von dem in der Mitte befindlichen Blitzlicht ausgelöst werden.
Vom Standpunkt der Russen werden die sowjetischen Uhren auch gleichzeitig gestartet, da die Signale zugleich von einem in der Mitte befindlichen Blitzlicht ausgelöst werden.

E(1) gleich Rakete A

E(2) gleich Rakete B

Es gilt:

E(1) $x = 0 ; t = 0$

E(2) $x = L ; t = 0$

E\`(1)

$x` = k (x-vt) = k (0-0) = 0$
$t` = k (t- v/c^2\ x) = k (0- v/c^2\ \ 0) = 0$

E\`(2)

$x` = k (L -v \times 0) = k L$

$t` = k (0- v/c^2\ \ L) = k (- v L/c^2)$

Wenn zwei Ereignisse im System I im Abstand von x gleichzeitig erfolgen, ist der Zeitunterschied dieser Ereignisse, gesehen vom einem mit der Geschwindigkeit v bewegten Inertialsystem:
$\Delta t = t1 - t2 = 0- k -v L / c^2 = k (v L / c^2)$

Zwei Ereignisse, die in einem Inertialsystem gleichzeitig eintreten, finden in einem relativ dazu bewegten Inertialsystem zu verschiedenen Zeiten statt. Zwei Ereignisse sind gleichzeitig, wenn von ihnen ausgehende Lichtsignale einen in der Mitte befindlichen Beobachter zugleich erreichen. Aus dieser Definition folgt, dass der Begriff „Gleichzeitigkeit“ stets mit einem Bezugssystem verbunden und daher relativ ist.
Russen und Amerikaner sind der Meinung, dass die jeweils anderen Uhren bei fortlaufender Geschwindigkeit v nicht zugleich gestartet wurden. Berechnen Sie die Zeitdifferenz:
(a) mit v = 0,1 c ; Länge =10 Meter
(b) mit v= 0,6 c ; Länge = 1500 Meter
(c) mit v = 0,9 c ; Länge = 3150 Meter

(a)

$\Delta t = t_1 - t_2 = k\,(v\,L / c^2)$

$= k\,(0{,}1c \times 0{,}01\ \text{km}) / c^2$

$k(0{,}001 L/c^2)$

$\frac{1}{\sqrt{1-\frac{v2}{c2}}} \times 0.001\ L / c^2$

$= 1{,}1167986 \times 10^{-14}$

(b)

$\Delta t = t_1 - t_2 = k\,(v\,L/c^2)$

$= k\,(0{,}6c \times 1{,}5\ km\,/c^2)$

$= k\,(0{,}9L/c^2)$

$= \frac{1}{\sqrt{1-\frac{v2}{c2}}} \times 0{,}9\ L\,/c^2$

$= 1{,}125\ L\,/c^2$

$= 1{,}25 \times 10^{-11}\ s$

(c)

$\Delta t = t_1 - t_2 = k\,(v\,L\,/c^2)$

$= k\,(0{,}9c \times 3{,}15\ km)\,/c^2$

$= k\,(2{,}835\ L\,/c^2)$

$= \frac{1}{\sqrt{1-\frac{v2}{c2}}} \times 2{,}835\ L\,/c^2$

$= 6{,}503936\ L\,/c^2$

$= 7{,}22659 \times 10^{-11}\ s$

Der relativistische Dopplereffekt

WdE = Wellenlänge des Empfängers
WdS = Wellenlänge des Senders

Für die ruhenden Systeme gilt:

WdE = WdS

Für die Bewegung vom Sender mit v≤ c gilt:

Δ WdS = v × WdS / c

WdE= v /c ;WdE = Δ WdS +Wds
WdE= v/c WdS + WdS = WdS(1+ $\frac{v}{c}$)
Lösen wir nun diese Gleichung mit der Lorenztransformation für t auf; es gilt: t = WdE; t`= WdS;
x` v/c2 = (v/c +1)

$$\text{WdE} = \left(1+\frac{v}{c}\right)\frac{\text{WdS}}{\sqrt{1-\frac{v^2}{c^2}}}$$

$$= \text{WdS}\frac{1+\frac{v}{c}}{\sqrt{\left(1+\frac{v}{c}\right)\left(1-\frac{v}{c}\right)}} \qquad = \text{WdS}\sqrt{\frac{1+\frac{v}{c}}{1-\frac{v}{c}}} \qquad (1)$$

Seite 16

Wenn man Formel (1) nach v auflöst ergibt sich:

$$\mathbf{WdE} = \sqrt{\frac{1+\frac{v}{c}}{1-\frac{v}{c}}} \times \mathbf{WdS}$$

$$(\mathbf{WdE})^2 = \frac{1+\frac{v}{c}}{1-\frac{v}{c}} \times (\mathbf{WdS})^2$$

$$(\mathbf{WdE}^2 / \mathbf{WdS}^2) - (\mathbf{WdE}^2 / \mathbf{WdS}^2)\,\frac{v}{c} = 1 + \frac{v}{c}$$

$$(\mathbf{WdE}\ )^2\ /\mathbf{WdS}^2) - 1 = \frac{v}{c} + (\mathbf{WdE})^2 / (\mathbf{WdS})^2 \times \frac{v}{c}$$

$$= \frac{v}{c} \times (1 + (\mathbf{WdE})^2 / (\mathbf{WdS})^2$$

$$\frac{v}{c} = \frac{\left(\frac{\mathbf{WdE}}{\mathbf{WdS}}\right)^{\dot{2}} - 1}{\left(\frac{\mathbf{WdE}}{\mathbf{WdS}}\right)^2 + 1}$$

$$v = \frac{\frac{(\mathbf{WdE})\ 2}{(\mathbf{WdS})} - 1}{\frac{(\mathbf{WdE})\ 2}{(\mathbf{WdS})} + 1} \times \ c \qquad (2)$$

Aufgabe zum relativistischen Dopplereffekt (1)

Ein Raumschiff startet am Neujahrstag des Jahres 1980 und fliegt mit einer Geschwindigkeit von v = 0,75c zu dem Stern Alpha Centauri, der etwa vier Lichtjahre von der Erde entfernt ist. Nach einem Aufenthalt von drei Jahren kehrt das Raumschiff mit v = 0,5 c zur Erde zurück. In welchem Jahr kehrt das Raumschiff zurück und wie viele Jahre sind im Raumschiff vergangen?

$v_{Hin} = 0,75\ c$ v

$_{zurück} = 0,5\ c$

Erde:

$T_{Erde\ hin} = 4\ a / v_{Hin} = 4 / 0,75\ c = 5\ 1/3\ a$

$T_{Erde\ zurück} = 4\ a / v_{zurück} = 4 / 0,5 = 8\ a$

$T_{gesamt} = T_{Erde\ hin} + T_{Erde\ zurück} + 3\ a$ Aufenthalt = 16 1/3 a

Die Reise des Raumschiffs beträgt auf der Erde 16 1/3 Jahre !

Raumschiff:

$$T_{\text{Raum hin}} = T_{\text{Erde hin}} \times \sqrt{1 - \frac{v^2}{c^2}}$$

$$= 5\,1/3 \times 0{,}66 = 3{,}52\ a$$

$$T_{\text{Raum zurück}} = T_{\text{Erde zurück}} \times \sqrt{1 - \frac{v^2}{c^2}}$$

$$= 8 \times 0{,}86 = 6{,}92\ a$$

$T_{\text{Gesamt}} = T_{\text{Raum hin}} + T_{\text{Raum zurück}} +$ **3a Aufenthalt= 13, 44a**

Das Raumschiff kehrt 1996 zur Erde zurück. Dort sind 16 1/3 Jahre vergangen, während im Raumschiff nur 13, 44 Jahre vergangen sind

Aufgabe (2)

a)Ein Raumschiff entfernt sich von der Erde mit der Geschwindigkeit v = 5/7 c.
Eine Fernsehübertragung aus dem Raumschiff zur Erde beginnt, wenn die Uhr im Raumschiff 17.00 Uhr zeigt und endet um 22.00 Uhr. Wie lange dauert die Fernsehübertragung auf der Erde?

b) Angenommen, auf der Erde vergehen 8 Stunden, während im Raumschiff eine Fernsehübertragung um 17.00 Uhr beginnt und um 23.00 Uhr endet. Wie schnell bewegt sich das Raumschiff?

a)

$$T_B = \sqrt{\frac{1+\frac{v}{c}}{1-\frac{v}{c}}} \times T_A$$

$$= \sqrt{\frac{1+\frac{v}{c}}{1-\frac{v}{c}}} \times (22.00 - 17.00)$$

$$= \sqrt{6} \times 5h = 12,24\ h$$

b)

TB = 8h ; TA = 23.00 - 17.00 = 6h

Mit Gleichung (2) ergibt sich:

$$v = \frac{\left(\frac{TB}{TA}\right)^2 - 1}{\left(\frac{TB}{TA}\right)^2 + 1} \; c$$

$$= \frac{\left(\frac{8}{6}\right)^2 - 1}{\left(\frac{8}{6}\right)^2 + 1} \; c$$

$$= 0{,}28 \; c$$

Das Geschwindigkeits-Additionstheorem

Die Geschwindigkeiten in der Relativitätstheorie werden nicht in gleicher Weise addiert. Begegnen sich zum Beispiel zwei Elektronen, die beide die Geschwindigkeit
v = 0,8 c haben, so wäre klassisch gerechnet die Geschwindigkeit des einen Elektrons im Ruhsystem des anderen Elektrons v = 1,6 c.
Die Invarianz der Lichtgeschwindigkeit und das Relativitäts-Prinzip führen demgegenüber zu der Aussage, dass es für Körper und Signale keine Überlicht-geschwindigkeit geben kann. Die experimentelle Erfahrung stimmt mit dieser Aussage überein. Die Lichtgeschwindigkeit von Elementarteilchen überschreitet nicht den Wert der Lichtgeschwindigkeit, obwohl bei vielen Experimenten in Beschleunigern die kinetische Energie der Teilchen ausreicht, um nach klassischer Rechnung Überlichtgeschwindigkeit zu crreichen.
Die relativistische Addition von Geschwindigkeiten

Die Formeln für die relativistische Addition von Geschwindigkeiten ist herzuleiten von der Definitionsgleichung :
Geschwindigkeit = Weg / Zeit

Diese Gleichung stellen wir für ein bestimmtes Inertialsystem auf und transformieren bei einem Wechsel
des Bezugssystems den Weg und die Zeit mit Lorentztransformations Gleichungen.
Dabei wird folgendes auftreten: Bewegt sich ein Körper in x-Richtung, so wird beim Wechsel des Bezugssystems der Weg Lorentz-kontrahiert und die Zeit gedehnt.
Bei einer Bewegung nur in y oder z Richtung bleibt hingegen der Weg erhalten, und allein die Zeitdilatation tritt auf. Die x und y Komponenten der Geschwindigkeit werden danach unterschiedlich transformiert.
Daher ist die folgende Herleitung für die beiden Komponenten getrennt.
Für die Geschwindigkeitskomponenten im Inertialsystem I gilt:

$$u` = \frac{x`}{t`}; \qquad w = \frac{y}{t}$$

Mit der Lorentztransformation folgt daraus Formel (1) und (2). (Es gilt für Formel (1) die Beziehung u = x/t; x und t werden durch die Lorentztransformation beschrieben!!
Für Formel (2) gilt: y = w`/ t`.

$$u = \frac{x}{t} = \frac{k\,(x' + vt')}{k\left(t' + x'\frac{v}{c^2}\right)} = \frac{x' + vt'}{t' + x'\frac{v}{c^2}} \quad (1)$$

$$= \frac{t'\left(\frac{x'}{t'} + v\right)}{t'\left(1 + \frac{x'}{t'} \times \frac{v}{c^2}\right)} = \frac{\frac{x'}{t'} + v}{1 + \frac{x'}{t'} \times \frac{v}{c^2}}$$

$$w = \frac{y}{t} = \frac{\frac{w'}{t'}}{k\,(t' + x'\frac{v}{c^2})} = \frac{\frac{w'}{t'}}{k\,t'\left(1 + \frac{x'}{t'} \times \frac{v}{c^2}\right)} \quad (2)$$

$$= \frac{w'}{k\left(1 + \frac{x'}{t'} \times \frac{v}{c^2}\right)} = \frac{\sqrt{1 - \frac{v^2}{c^2}} \times w'}{1 + \frac{x'}{t'} \times \frac{v}{c^2}}$$

mit $\frac{x'}{t'} = u'$ **;** $\frac{y}{t} = w$

erhält man:

$$u = \frac{\frac{x'}{t'} + v}{1 + \frac{x'}{t'} \times \frac{v}{c^2}} = \frac{u' + v}{1 + u'\frac{v}{c^2}}$$

und

$$w = \frac{w`}{k\,(1+\frac{x}{`t} \times \frac{`v}{c2})} \quad = \quad \frac{w`}{k\,(1+u`\,\frac{v}{c2})}$$

$$= w` \times \frac{\sqrt{1-\frac{v^2}{c^2}}}{1+u` \times \frac{v}{c^2}}$$

Geschwindigkeits-Additionstheorem
Bewegt sich ein Körper im Inertialsystem I mit der Geschwindigkeit v`undw`in y`- Richtung, so treten im Inertialsystem I folgende Geschwindigkeiten auf:

$$u = \frac{u`+v}{1+u`\frac{v}{c^2}} \qquad w = w` \times \frac{\sqrt{1-\frac{v^2}{c^2}}}{1+u` \times \frac{v}{c^2}}$$

Aufgabe (1)

Ein Teilchen fliegt im Laborsystem I mit großer Geschwindigkeit v in x-Richtung. Dabei soll es in seinem Ruhsystem I ` in y`-Richtung aussenden. der Winkel ε `zwischen Strahlrichtung und Bewegungsrichtung ist also ein rechter.

Nimmt man nun die Relativitätstheorie zur Hilfe, dann ist der Winkel ϵ kleiner als der rechte.

a) Berechnen Sie den Winkel ϵ für ein Teilchen mit der Geschwindigkeit v = 0,85 c.
b) Berechnen Sie den Winkel eines Photons.

a) Stellen wir uns die Strahlung im Photonenbild vor.
Die emittierenden Photonen haben im Ruhsystem I `
keine Geschwindigkeitskomponente in x` - Richtung.
Es gilt daher: u `= 0 und w `= c.
Im Laborsystem I ist die Geschwindigkeitskomponente der Photonen in x-Richtung jedoch von Null verschieden:

$$u = \frac{u` + v}{1 + u`\frac{v}{c2}} = \frac{0 + v}{1 + 0 \times \frac{v}{c2}} = v$$

Daher erfolgt die Strahlung im Laborsystem nicht in
y-Richtung: sie ist vielmehr in die Bewegungsrichtung des Teilchens gedreht. Für den Winkel ϵ , den die Strahlung im Laborsystem mit der x-Richtung einschließt, folgt mit

$$w = w` \times \sqrt{1 - \frac{v^2}{c^2}} /\ 1 + u`v/\ c^2 = c \times \sqrt{1 - \frac{v^2}{c^2}}$$

die Beziehung

$$\tan \epsilon = \frac{w}{v} = \frac{c \times \sqrt{1 - \frac{v^2}{c^2}}}{v} \qquad (1)$$

Wir setzen nun in (1) die Geschwindigkeit v = 0,85 c ein und erhalten:

$$\tan \epsilon = \frac{w}{v} = \frac{c \times \sqrt{0{,}85^{\,2}}}{0{,}85\ c} = 1 \gg \epsilon = 45\ °$$

b) Da die Geschwindigkeit eines Photons gleich c ist, würde man mit der Gleichung (1) folgendes Ergebnis erhalten:

$$\tan \epsilon = \frac{w}{c} = 0$$

Der Winkel ϵ ist gleich 0 ! Auch mit einem Teilchen, dessen Geschwindigkeit annähernd c ist, ist das Ergebnis fast Null.
Doch das lässt sich im Labor nicht messen. So müssen wir neu berechnen.
Die Strahlung ist im Laborsystem in die Vorwärtsrichtung konzentriert. Mit dem Additionstheorem

$$w = w` \times \sqrt{1 - \frac{v^2}{c^2}} \;/\; (1 + u` \times \frac{v}{c})$$

$$v = (u`+v) \;/\; 1+u` \times v/c)$$

Folgt für den Winkel ϵ die Beziehung:

$$\tan \epsilon = \frac{w}{v} = \frac{w`\sqrt{1-\frac{v^2}{c^2}}}{u`+v}$$

Mit den Geschwindigkeitskomponenten

$$w` = \sin \epsilon` \times c \quad ; \quad u` = \cos \epsilon` \times c$$

Für das Photon im System I folgt daraus

$$\tan \epsilon = \frac{\sin \epsilon' \times \sqrt{1 - \frac{v^2}{c^2}}}{\cos \epsilon + \frac{v}{c}} \quad (2)$$

Anstelle eines Photons, das sich mit der Lichtgeschwindigkeit fortbewegt, nehmen wir ein Teilchen mit der Geschwindigkeit V = 0, 9999991 c (das ist annähernd Lichtgeschwindigkeit). Der so entstandene Winkel ist messbar im Labor. Bei dem Winkel ϵ = 90 ° gilt die Gleichung (1):

$$\tan \epsilon = \frac{w}{v} = \frac{c \times \sqrt{1 - \frac{v^2}{c^2}}}{v}$$

Sie ist die Verallgemeinerung von der Gleichung (2).
Beim Einsetzen erfolgt folgendes Ergebnis:

$$\tan \epsilon = \frac{\sin \epsilon' \times \sqrt{1 - \frac{v^2}{c^2}}}{\cos \epsilon' + \frac{v}{c}} = \frac{\sin 90° \times \sqrt{1 - \frac{v^2}{c^2}}}{\cos 90° + \frac{v}{c}}$$

$$= \frac{1 \times \sqrt{1-\frac{v^2}{c^2}}}{0+\frac{v}{c}} \quad = \frac{c \times \sqrt{1-\frac{v^2}{c^2}}}{v}$$

Da die Geschwindigkeit v fast Lichtgeschwindigkeit beträgt, lässt sich für die Photonen, die ja mit c sich ausbreiten, ein exakter Wert berechnen, der nicht 4,2426 × 10 $^{-3}$überschreitet. Es gilt dafür ∈`= 0,24°

Beispiele:

$$\tan \epsilon = \frac{\sin \epsilon` \times \sqrt{1-\frac{v^2}{c^2}}}{\cos \epsilon` + \frac{v}{c}}$$

$$= \frac{\sin 90° \times \sqrt{1-0{,}999991^{\,2}}}{\cos 90° + 0{,}999991\frac{c}{c}}$$

$$= 4{,}2426 \times 10^{-3} \gg \epsilon = 0{,}24\,°$$

$$\tan \epsilon = \frac{\sin \epsilon` \times \sqrt{1-\frac{v^2}{c^2}}}{\cos \epsilon` + \frac{v}{c}}$$

$$= \frac{\sin 45° \times \sqrt{1-0{,}999991 \frac{2}{}}}{\cos 45° + 0{,}999991 \frac{c}{c}}$$

$$= 1{,}\ 75736 \times 10^{-3} \gg \quad \epsilon = 0{,}1°$$

$$\tan \epsilon = \frac{\sin \epsilon` \times \sqrt{1-\frac{v^2}{c^2}}}{\cos \epsilon` + \frac{v}{c}}$$

$$= \frac{\sin 0 \times \sqrt{1-0{,}999991 \frac{2}{}}}{\cos 0 + 0{,}999991 \frac{c}{c}}$$

$$= 0 \gg \epsilon = 0\,°$$

Aufgabe (2)

a) Zwei Raumschiffe mit den Geschwindigkeiten v (1) = 0,78 c und v (2) = 0,45 c fliegen in entgegengesetzter Richtung an der Erde vorbei. Mit welcher Geschwindigkeit entfernen sich die beiden Raumschiffe voneinander?

b) Zwei Raumschiffe fliegen mit einer Geschwindigkeit von u = 0,7 c an der Erde vorbei. Das eine Raumschiff hat die Geschwindigkeit u` = 0,57 c. Mit welcher Geschwindigkeit bewegt sich das andere Raumschiff?

a)
Es gilt:

u`= 0,78 c ; v = 0, 45 c

$$u = \frac{u`+v}{1+u`\frac{v}{c^2}} = \frac{0{,}78c+0{,}45\ c}{1+0{,}78c \times{,}\frac{0{,}45c}{c^2}}$$

= 0,91 c

b)

Es gilt:

$$v = \frac{u+u`}{1+u\frac{u`}{c^2}}$$

$$v = \frac{0{,}7c + 0{,}57\,c}{1+0{,}7\,c\,\frac{0{,}57\,c}{c^2}}$$

$= 0{,}907791\,c$

Aufgabe (3)

Beweisen Sie die Invarianz der Lichtgeschwindigkeit.

Dazu soll folgendes Szenario gelten:
Einstein bewegt sich mit Lichtgeschwindigkeit auf Newton zu, der sich ebenfalls mit Lichtgeschwindigkeit bewegt. Mit welcher Geschwindigkeit bewegen sich die beiden Physiker aufeinander zu? Nun, nach der klassischen Physik gilt: c+c = 2c, das Ergebnis wäre somit die doppelte Lichtgeschwindigkeit. Doch laut Relativitätstheorie ist dies nicht möglich, denn nichts kann sich schneller als das Licht bewegen!
Laut Einstein gilt:

$$u = \frac{u`+v}{1+u`\frac{v}{c2}}$$

mit u` $_{(Einstein)}$ = c ; v $_{Newton}$ = c

folgt:

$$u = \frac{u`+v}{1+u`\frac{v}{c^2}} = \frac{c+c}{1+c\times c/c^2} = \frac{2c}{2} = c$$

Was zu beweisen war!!

Aufgabe (4)

Ein mit der Geschwindigkeit v = 0,345 c fliegendes K-Meson zerfällt in zwei π- Mesonen.

Im Ruhsystem des K-Mesion haben beide π-Mesonen die Geschwindigkeit u = 0, 834 c. Welche Geschwindigkeit haben die π - Mesonen maximal und minimal im Laborsystem?

Es gilt: v= 0, 345 c ; u`= 0,834 c

max:

$$u = \frac{u`+v}{1+u`\frac{v}{c^2}} = \frac{0{,}834\ c+0{,}345c}{1+0{,}834\ c \times 0{,}345\frac{c}{c^2}}$$

$$= \frac{1{,}179}{1{,}28773} = \mathbf{0{,}915\ c}$$

min:

$$u = \frac{u`-v}{1-u`\frac{v}{c^2}} = \frac{0{,}834\ c-0{,}345\ c}{1-0{,}834\ c \times 0{,}345\frac{c}{c^2}}$$

$$= \frac{0{,}489}{0{,}71227} = \mathbf{0{,}686\ c}$$

Aufgabe (5)

Ein radioaktiver Kern fliegt mit einer Geschwindigkeit von v = 0,47c in x-Richtung. In seinem Ruhesystem sendet er Elektronen mit einer Geschwindigkeit von v = 0,7 c aus. Welche Geschwindigkeiten haben die Elektronen im Laborsystem, wenn sie im Ruhsystem des Kerns

a) in positiver x-Richtung
b) in positiver y-Richtung
c) in negativer x-Richtung
d) in negativer y-Richtung emittiert werden?

Es gilt:

v = 0,47 c ; u` = 0,7 c

w ` = 0,7 ; u `` = - 0,7c

w`` = - 0,7 c

a)

$$u = \frac{u`+v}{1+u`\frac{v}{c^2}} = \frac{0{,}7c+0{,}47c}{1+0{,}7c \times 0{,}47\frac{c}{c^2}}$$

= 0,88c

b) $$w = w` \times \frac{\sqrt{1-\frac{v^2}{c^2}}}{1+u\frac{v}{c^2}}$$

$$= 0{,}7c \times \frac{\sqrt{1-0{,}47^2}}{1+0{,}7c \times 0{,}47\frac{c}{c^2}}$$

$= 0{,}7 \times 0{,}66 =$ **0,46 c**

c) $$u = \frac{u`` + v}{1-u`\frac{v}{c^2}} = \frac{-0{,}7+0{,}47\ c}{1-0{,}7c \times 0{,}47\frac{c}{c^2}}$$

= **- 0,342 c**

d) $$w = w`` \times \frac{\sqrt{1-\frac{v^2}{c^2}}}{1-u`\frac{v}{c^2}}$$

$$-= -\ 0{,}7 \times \frac{\sqrt{1-\frac{v^2}{c^2}}}{1-u`\frac{v}{c^2}}$$

$$= -0{,}7 \times \frac{\sqrt{1-0{,}47^2}}{1-0{,}7c \times 0{,}47c\frac{c}{c^2}}$$

$= -0{,}7 \times 1{,}32254 =$ **- 0,92 c**

Die relativistische Massenzunahme

Wir beginnen mit einem Gedankenexperiment: Stellen Sie sich vor, im Weltall schwebt ein Raumschiff.
Der Raketenmotor wird gezündet und das Raumschiff dadurch ständig beschleunigt.
Der Motor sei so eingestellt, dass das Raumschiff eine konstante Beschleunigung a erfährt, die gerade gleich der Erdbeschleunigung
$g \approx 10$ m/s ist. Dann wirkt auf alle Körper im Raumschiff eine zum Boden gerichtete Kraft, die gleich der Gewichtskraft der Körper auf der Erde ist.
Die Raumfahrer werden den Eindruck haben, sich im Schwerefeld der Erde zu befinden. Nach den Gesetzen der klassischen Physik wird bei dieser konstanten Beschleunigung die Geschwindigkeit v des Raumschiffes linear mit der Zeit t zunehmen:
$v = g \times t$. Nach einer bestimmten Zeit t * wäre die Lichtgeschwindigkeit erreicht.
Die Zeit t * ergibt sich aus $c = g \times t^*$ zu

$$t^* = \frac{c}{g} = \frac{3 \times 10^{8}\frac{m}{s}}{10\frac{m}{s}} = 3 \times 10^{7}\,s \approx 1a$$

Nach den Aussagen der klassischen Physik würde das Raumschiff nach einem Jahr mit Überlichtgeschwindigkeit fliegen.
Dies widerspricht dem grundlegenden Ergebnis der Relativitätstheorie, wonach sich ein Körper nicht mit Überlichtgeschwindigkeit bewegen kann. Um diese fundamentale Aussage der Relativitätstheorie zu überprüfen, wurde 1974 in Stanford ein Beschleunigungsexperiment durchgeführt. Im Linearbeschleuniger der Stanford-Universität können Elektronen auf die höchste Geschwindigkeit gebracht werden, die man mit Elementarteilchen im Labor erreicht.
Nach klassischer Rechnung hätte die Geschwindigkeit der Elektronen ein Vielfaches der Lichtgeschwindigkeit *betragen müssen.
Innerhalb der Messgenauigkeit hatten die Elektronen jedoch nur Lichtgeschwindigkeit.
Die Elektronen wurden auf eine Energie von 3,3 $\times 10^{9}$ J
beschleunigt.
Mit der klassischen Formel für die kinetische Energie ergibt sich daraus:

$$v = 8{,}5 \times 10^{-10} \text{ m/s} = 8{,}5 \times 10^{-10} c$$

Nach der relativistischen Formel für die kinetische Energie kann sich die Geschwindigkeit der Elektronen der Lichtgeschwindigkeit jedoch nur asymptotisch nähern.
Die Rechnung zeigt, dass bei der angegebenen Energie die Geschwindigkeit der Elektronen um $\Delta v = 5 \times 10^{-10}$ c von der Lichtgeschwindigkeit verschieden ist.
Das Experiment in Stanford sollte diese Vorhersage der Theorie bestätigen.
Hierzu wurde die Geschwindigkeit der beschleunigten Elektronen mit der Geschwindigkeit eines Lichtsignals verglichen. Man ließ Elektronen und Licht auf eine Strecke von i km Länge durchlaufen und verglich ihre Laufzeiten. Die Zeitmessung war so genau, dass man einen Laufzeitunterschied von 10^{-12} s noch hätte feststellen können. Dem entspricht ein Geschwindigkeitsunterschied von $\Delta v = 3 \times 10^{-7}$. Der relativistisch berechnete Unterschied $\Delta v = 5 \times 10^{-10}$ c ist jedoch nochmals um den Faktor 1000 kleiner, so dass im Rahmen der Messgenauigkeit die Elektronengeschwindigkeit gleich der Lichtgeschwindigkeit sein sollte.
Dies wurde auch experimentell bestätigt.

Wir können das Ergebnis des Stanford-Experiments nur verstehen, wenn wir annehmen, dass sich ein Körper mit größer werdender Geschwindigkeit weiterer Beschleunigung zunehmend widersetzt.
Seine Masse muss ständig zunehmen und bei Annäherung an die Lichtgeschwindigkeit so groß werden, dass er nicht weiter beschleunigt werden kann. Die Massenzunahme soll nun mit Hilfe eines Gedankenexperiments hergeleitet werden.
Eine Kugel fliegt in einem Inertialsystem I mit der konstanten Geschwindigkeit w gegen eine Wand.
Beim Auftreffen schlägt die Kugel ein Loch in die Wand und bleibt darin stecken.
Bei diesem Stoß überträgt sie ihren gesamten Impuls
$p = m \times w$ auf die Wand. Die Tiefe des Einschlagsloches ist ein Maß für diesen Impuls.
Wir betrachten nun diesen Vorgang von einem Inertialsystem I \`aus, dass sich mit hoher Geschwindigkeit v parallel zur Wand bewegt.
Von I\`aus gesehen erscheinen alle Vorgänge in I um den Faktor

$$\sqrt{1 - \frac{v^2}{c^2}}$$

verlangsamt.

Auch die Geschwindigkeitskomponente w`, mit der die Kugel auf die Wand zufliegt, beträgt demnach nur

$$w` = w \times \sqrt{1 - \frac{v^2}{c^2}}$$

Die Tiefe des Lochs ist aber von I und von I` aus gesehen gleich. Daher hat für einen Beobachter in I `die Kugel trotz ihres langsamen Fluges den gleichen Impuls an die Wand abgegeben, wie für einen Beobachter in I: es gilt p´= p! Dieses Ergebnis können wir nur dadurch erklären, dass die Masse der Kugel in I`nicht gleich m ist, sondern einen größeren Wert m `hat, mit dem aus

$$p = m \times w = p` = m` \times w` = m`w \times \sqrt{1 - \frac{v^2}{c^2}}$$

folgt: $m = \frac{m`}{\sqrt{1 - \frac{v^2}{c^2}}}$

Die Massc eines mit der Geschwindigkeit v bewegten Körpers ist um den Faktor 1/ $\sqrt{1 - \frac{v^2}{c^2}}$

größer als die Masse des ruhenden Körpers. Wir bezeichnen die Masse des ruhenden Körpers als Ruhemasse m und die des bewegten Körpers als dynamische Masse m_d :

Die dynamische Masse m d eines mit der Geschwindigkeit
v bewegten Körpers ist gegeben durch

$$m_d = \frac{m}{\sqrt{1-\frac{v^2}{c^2}}}$$

m ist die Ruhmasse des Körpers.
Nähert sich die Geschwindigkeit eines Körpers der Lichtgeschwindigkeit, so wird seine Masse beliebig groß und der Körper kann nicht weiter beschleunigt werden. Damit haben wir eine dynamische Erklärung für die Beobachtung gefunden, dass die Lichtgeschwindigkeit einen Grenzwert für die Geschwindigkeit aller Körper darstellt.
Die hier hergeleitete Massenzunahme ist in einer Reihe von Präzisionsexperimenten überprüft worden.

Als Beispiel für eine neuere Messung sei die Arbeit einer Forschergruppe des Physik-Instituts der Universität Zürich aus dem Jahr 1963 angeführt. Elektronen, die man zuvor auf Geschwindigkeiten von v = 0,99c beschleunigt hatte, wurden mit Hilfe elektrischer und magnetischen Felder abgelenkt. Aus den Bahnkurven können die Geschwindigkeit und die Masse der Elektronen bestimmt werden. Auch bei diesen hohen Geschwindigkeiten, bei denen sich die siebenfache Ruhemasse ergab, erwies sich die Formel für die dynamische Masse als richtig.
Die Messgenauigkeit hätte ausgereicht, eine Abweichung der Masse von 0,55 % vom theoretisch berechneten Wert nachzuweisen.
Ausgehend von der relativistischen Massenzunahme können wir nun auch leicht den Ursprung der Äquivalenz von Masse und Energie,
$E = mc^2$, einsehen.
Dazu betrachten wir die Differenz der dynamischen Energie und der Ruhmasse:

$$E_{kin} = md - m = \frac{1}{\sqrt{1-\frac{v^2}{c^2}}} - m \quad = md - m \left(\frac{1}{\sqrt{1-\frac{v^2}{c^2}}} - 1\right)$$

(1)

Die klassische Formel

$E_K = \frac{mv^2}{2}$ geht in den relativistischen Ausdruck über. Es gilt dann:

$$(m\,d - m) = \left(\frac{1}{\sqrt{1-\frac{v2}{c2}}}\right) - 1$$

$E_K = (md - m)$; da es gilt:

$$E_K = \left(\frac{1}{\sqrt{1-\frac{v^2}{c^2}}} - 1\right) \text{folgt:}$$

Mit $E = m\,c^2$ folgt für E_K:

$$E_K = \left(\frac{1}{\sqrt{1-\frac{v^2}{c^2}}} - 1\right) \times m\,c^2$$

Führt man einem System die Energie E zu, so erhöht sich dadurch seine Masse um E / c^2 Dies ist die Schlussfolgerung von Einsteins berühmter Arbeit „Hängt die Trägheit eines Körpers von seinem Energieinhalt ab?“. Wir haben dieses Ergebnis hier zumindest für den Fall plausibel gemacht, dass einem langsam bewegten Teilchen kinetische Energie E_K zugeführt wird.

$$E_K = \left(\frac{1}{\sqrt{\frac{v^2}{c^2}}} - 1\right) mc^2$$

Für v≈ c wird die Massenzunahme merklich und die kinetische Energie ist daher größer als in der klassischen Physik.
Für v → c geht m α und auch die kinetische Energie gegen unendlich. Das Teilchen kann daher nicht auf Lichtgeschwindigkeit beschleunigt werden, was mit den Vorhersagen der Relativitätstheorie übereinstimmt.
Die kinetische Energie eines Körpers mit der Ruhmasse m beträgt

$$E_K = mc^2 \left(\frac{1}{\sqrt{1-\frac{v^2}{c^2}}} - 1\right)$$

Dieser Ausdruck stimmt für nichtrelativistische Geschwindigkeiten mit der klassischen Formel überein.
Für v →c geht die kinetische Energie infolge der Massenzunahme gegen unendlich.

Die konstant beschleunigte Rakete

Für eine konstant beschleunigte Rakete sind Geschwindigkeit und Weg durch die klassische Physik gegeben. Demnach würde die Rakete zur Zeit t * = c/a Lichtgeschwindigkeit erreichen und dann überschreiten. Für a = 10 m/s ist t* = 3 × 10 ^{7} s, also ungefähr ein Jahr.
Wie verändert sich diese Überlegung durch die Relativitätstheorie? Auch hier wollen wir eine Rakete betrachten, deren Beschleunigung sich während des Fluges nicht ändert. Die Beschleunigung muss dabei im jeweiligen Ruhsystem der Rakete gemessen werden, denn nur wenn diese Beschleunigung konstant ist, werden die Astronauten mit der gewohnten Erdbeschleunigung in ihre Sessel gedrückt.
Von einem festen Inertialsystem aus gesehen - z.B. vom System der auf der Erde zurückbleibenden Beobachter - wird die Rakete wegen der Zeitdilatation und der Lorentz-Kontraktion keine konstante Beschleunigung aufweisen. Nehmen wir an, die Rakete habe zur Zeit t (gemessen im Ruhsystem der Erde) die Geschwindigkeit v erlangt. Durch die Wirkung ihres Antriebs wird sich diese Geschwindigkeit in einem kleinen Zeitintervall dt um dv ändern, so dass die Rakete von der Erde aus gesehen die neue Geschwindigkeit v + dv erlangt.

Betrachten wir diesen Vorgang nun vom momentanen Ruhsystem der Rakete aus. Hier betrage der Geschwindigkeitszuwachs der Rakete du und dv nach dem Geschwindigkeits-Additionstheorem:

$$v + dv = \frac{v+du}{1+u\frac{dv}{c^2}} \approx v + du - v^2\, du / c^2$$

Es ergibt sich: $dv = du\,(1- v^2 / c^2)$

Der ruhende Beobachter misst also einen kleineren Geschwindigkeitszuwachs dv als der mit der Rakete mitfliegende Beobachter. Wenn die Rakete fast Lichtgeschwindigkeit erreicht, ergibt sich vom Standpunkt des ruhenden Beobachters fast überhaupt kein Geschwindigkeitszuwachs mehr. Dies ist der Grund dafür, warum die Rakete trotz konstanter Beschleunigung niemals die Lichtgeschwindigkeit überschreitet. Wir können nun auch den Zusammenhang zwischen der in der Rakete gemessenen Beschleunigung a `und der auf Erden gemessenen Beschleunigung a ermitteln. Da die Beschleunigung als die zeitliche Veränderung der Geschwindigkeit definiert ist, gilt:

$$a` = \frac{dv}{dt} \qquad ; \qquad a = \frac{dv}{dt}$$

Wir erhalten nun für den Zusammenhang der beiden Beschleunigungen

$$a\ \frac{dv}{dt} = \frac{dv}{dt}(1- \frac{dv}{dt})^{3/2} = a`(1- \frac{v^2}{c^2})^{3/2}$$

Diese Formel lässt sich wie folgendermaßen ableiten
Nach der klassischen Formel gilt:

$v = \frac{s}{t}$ **daraus ergibt sich** $a = \frac{dv}{dt}$

Seite 45

mit $dv = du \times (1- \frac{v^2}{c^2})$

und $dt = dt` \times \sqrt{1 - \frac{v^2}{c^2}}$

folgt

$$a = \frac{dv}{dt} = \frac{du\,(1-\frac{v^2}{c^2})}{\frac{dt`}{\sqrt{1-\frac{v^2}{c^2}}}}$$

$$= \frac{du}{dt`}\,(1- \frac{v^2}{c^2})^{3/2}$$

Weil aber gilt $a` = \frac{du}{dt`}$ **ergibt sich:**

$$a = \frac{du}{dt`} \left(1 - \frac{v^2}{c2}\right)^{3/2}$$

$$= a`\left(1 - \frac{v^2}{c^2}\right)^{3/2}$$

Die Beschleunigung erscheint also, von der Erde her gesehen, um den Faktor $\left(1 - \frac{v^2}{c^2}\right)^{\frac{3/2}{}}$ verringert.

Da die Geschwindigkeit v der Rakete während des Fluges ständig steigt, wird ihre Beschleunigung a, gemessen im Erdsystem, immer geringer werden.

Die Astronauten fühlen sich dagegen durch eine gleichbleibende Trägheitskraft in ihre Sessel gedrückt, falls a`konstant ist.
Um die Bewegung der Rakete zu bestimmen, gehen
wir von der Gleichung

$$\frac{dv}{dt} = a = a` = \left(1 - \frac{v^2}{c^2}\right)^{3/2}$$

aus, wobei a`= 10 m/s2 ist. Diese Differentialgleichung wird durch

$$v = \frac{a`t}{\sqrt{1+a`^2\frac{t^2}{c^2}}}$$

gelöst, wie sie durch Differenzieren leicht bestätigen können. Dies stimmt für a` t/c < 1 mit dem nichtrelativistischen Ergebnis v = a`überein. Erst wenn die Geschwindigkeit nahe der Lichtgeschwindigkeit ist, machen sich Abweichungen bemerkbar, wobei die relativistisch berechnete Geschwindigkeit niemals c überschreitet. Eine weitere kurze Rechnung zeigt, welchen Weg x die Rakete innerhalb der Zeit t zurücklegt und wie viel Zeit t`dabei an Bord vergeht. Da die Geschwindigkeit der Differentialkoeffizient des Weges nach der Zeit ist, gilt:

$$\frac{dx}{dt} = v = \frac{a`t}{\sqrt{1+a`^2\frac{t^2}{c^2}}}$$

Wieder kann man durch Einsetzen nachrechnen, dass die Lösung dieser Gleichung folgendermaßen gegeben ist, wenn man die Ableitung ersten Grades verwendet:

$$f(t) = \frac{c2}{a`} = \sqrt{1 + a`^2 \frac{t^2}{c^2}}$$

$$= \frac{c2}{a`} = ((1 + a`^2\, t^2 / c^2)^{1/2})$$

$$u_T = x^{1/2} v_T = (1 + a`^2\, t^2/c^2)$$

$$u_T` = \frac{1}{2}\, x^{-1/2} \qquad v_T` = 2\, t\, (a`^2 / c^2)$$

$$= `\, 2t\, a`^2 / c^2 \times \frac{1}{2}\, (1 + a`^2\, t^2 / c^2)^{-1/2}$$

$$= (a`^2 / c^2) t\, (1 + a`^2\, t^2 / c^2)^{-1/2}$$

$$= \frac{\frac{a`^2}{c^2} t}{\sqrt{1 + a`^2 \frac{t^2}{c^2}}}$$

Die Weltlinie dieser Bewegung erweist sich als Hyperbel, deren Asymptoten durch einen Lichtkegel gegeben sind.

Qualitativ können wir die Bewegung so beschreiben, dass die Rakete zunächst mit konstanter Beschleunigung a startet und zur Zeit a´ t / c = 1 die Lichtgeschwindigkeit c fast erreicht. Für die betrachtete Rakete mit a `= 10 m/ s^2 ist dies nach einem Jahr der Fall. Ab diesem Zeitpunkt legt sie dann pro Jahr etwa die Entfernung Δ x = 1 Lichtjahr zurück. Nach einigen Jahren könnte die Rakete daher die nächsten Fixsterne erreichen. Wie sehen die Astronauten diesen Vorgang? Für sie vergeht während des Fluges die Eigenzeit:

$$s = \int ds = \int dt` \times \sqrt{1 - \frac{v^2}{c^2}}$$

Setzen wir hier v = a`t (1+ a`^{2} t^2 / c^2) ein und führen das Integral (mittels einer Integraltafel) aus, so folgt:

$$t` = \frac{c}{a} \times \ln \left( \frac{a`^2 t}{c^2} + \sqrt{1 + a`^2 \frac{t^2}{c^2}} \right)$$

Damit können wir berechnen, welche Zeit t`in der Rakete verstreicht, während auf Erden dieZeit t vergeht.

Es ist einfach, nun auch t und x als Funktionen von t` zu bestimmen.

Das Ergebnis

$$x = \frac{c^2}{a`}(\cosh(\frac{a`t`}{c}) - 1)$$

gibt an, welche Strecke x die Astronauten innerhalb der von ihnen gemessenen Flugzeit t ` zurücklegen, wie weit sie also den Weltraum erforschen können.
Die folgende Tabelle enthält die wichtigsten Angaben für eine Rakete mit der Beschleunigung a`= 10 m/s ^{2}

t` Jahre	x Lichtjahre	t Jahre	v/c	Bemerkung
1	0,54	1,18	0,76	Wega
2	2,8	3,6	0,96	
4	26	27	0,9993	
6	200	200	0,99999	
8	1500			
10	11000			
12	81000			
15	1600000			Milchstraße
18	3,2 10^7	3,2 10^7	≈1	Andromeda
20	2,4 10^8	2,4 10^8		Virgohaufen
25	3,6 10^{10}	3,6 10^{10}		
30	6 10^{12}	6 10^{12}		Grenze des bekanten Universums

Der Tabelle entnehmen wir z.B., dass nach einer Flugzeit von zwei Jahren 96% der Lichtgeschwindigkeit erreicht sind. Auf der Erde sind inzwischen 3,6 Jahre vergangen, und eine Entfernung von 2,8 Lichtjahren wurde zurückgelegt.
Nach vier Jahren beträgt der Abstand der Rakete von der Erde 26 Lichtjahre, und der Stern Wega ist erreicht. Zu überlegen ist, ob die Rakete nun nicht doch Überlichtgeschwindigkeit hat.

Wie könnte sie sonst in nur vier Jahren die Strecke von 26 Lichtjahren zurücklegen. Die Antwort darauf ist natürlich, dass das Ziel Wega von der Erde aus gesehen 26 Lichtjahre entfernt ist. Von der Rakete her erscheint der Abstand Erde - Wega wegen der Lorentz-Kontraktion aber sehr stark geschrumpft. Daher kann er in vier Jahren zurückgelegt werden. Nach nur 13 Reisejahren haben wir bereits die Milchstraße hinter uns gelassen und im 15. Jahr nähern wir uns dem Andromedanebel. Auf der Erde sind inzwischen 1,6 Millionen Jahre vergangen. Nach 18 Jahren Flugdauer erreichen wir die tausende Galaxien des Virgo-Haufens.

Nach etwa 26-jähriger Reisedauer sind wir schließlich an den Grenzen des von der Erde sichtbaren Universums angekommen.
Wir sind nun 10 Milliarden Jahre von der Erde entfernt.
In diesen 26 Jahren sind allerdings auf der Erde10 Milliarden Jahre vergangen und die Erde hat lange aufgehört zu bestehen.
Die Sonne, die wir hinter uns gelassen haben, ist inzwischen zum roten Riesenstern geworden und dann zu einem weißen Zwerg zusammengefallen.
Nach nur 30-jähriger Flugdauer, die wir bequem in Sesseln zurückgelegt verbringen könnten, wären wir weit über die Grenzen ins Unbekannte vorgestoßen.

Leider ist eine Rakete, die 30 Jahre lang eine konstante Beschleunigung a `= 10 m/s^{2}aufrecht erhalten kann, ein nicht realisierbarer Traum.

Die relativistische Rakete

Es wäre schön, wenn wir uns bequem in eine erdachte Rakete setzen und die Reise durch den Weltraum genießen könnten. Doch leider wird es notwendig sein, zunächst die technischen Möglichkeiten für die Erbauung einer derartigen Rakete zu erkunden.

Energie- und Impulserhaltung werden uns dabei einige störende Hindernisse in den Weg legen. Gehen wir zunächst wieder von den Gleichungen der klassischen Physik aus, um die Gesetze der Raketenbewegung im einfachsten Fall zu erforschen.
Die Rakete habe eine Masse M, die im Laufe der Zeit durch den Anstoß von Treibgas kontinuierlich abnimmt.
Stößt die Rakete einen Gasstrahl dM mit der Geschwindigkeit U aus, so erhöht sich dabei ihre Geschwindigkeit v um du, wobei aus dem Impulssatz folgt:
M du = U dM

Division durch M ergibt du = - U dM /M, und Integration führt auf

$$v = \int du = - \int u \frac{dM}{M}$$

Die konstante Auspuffgeschwindigkeit U können wir dabei vor das Integral ziehen, so dass wir für die Raketengeschwindigkeit u das Ergebnis

$$u = - u \int_{M2}^{M1} \frac{dM}{M} = -u \ln \frac{M1}{M2}$$

erhalten. Dabei sind M0, M1 die Massen der Rakete vor dem Start bzw. nach dem Brennschluss der Rakete.

Wie ändern sich diese Überlegungen durch die Berücksichtigung der Relativitätstheorie?
Die Geschwindigkeitszunahme du im Ruhesystem der Rakete hängt mit der von der Erde aus gemessenen Geschwindigkeitszunahme dv nach du $(1- v^2/c^2)$ zusammen.
Der Impulssatz nimmt daher die Form

$$- u\, dM = M\, du = M\, dv\, (1- v^2/c^2)^{-1}$$

an. Dividieren wir durch M und gehen wir zum Integral über, so folgt:

$$- u \int \frac{dM}{M} = \int \frac{dv}{1-\frac{v^2}{c^2}}$$

Diese Gleichung unterscheidet sich nur durch das rechtsstehende Integral vom früheren Ergebnis. Mit Hilfe einer Integraltafel findet man nach kurzer Rechnung

$$v = c \times \frac{1-\left(\frac{M1}{M0}\right)^{\frac{2u}{c}}}{1+\left(\frac{M1}{M0}\right)^{\frac{2u}{c}}}$$

Damit können wir uns die Höchstgeschwindigkeiten verschiedener Raketentypen ausrechnen.

Diese Höchstgeschwindigkeit hängt vom Verhältnis der Erdmasse M1 zur Anfangsmasse M0 der Rakete ab.
Dieses Ergebnis ist unabhängig davon, ob die Beschleunigung der Rakete durch geeignete Einstellung des Massenstoßes des Raketenmotors stets geeignet geregelt wird, insbesondere auch so, dass konstante Beschleunigung erzielt wird.
Wesentlich ist, dass die erreichte Höchstgeschwindigkeit nur von der insgesamt abgegebenen Masse abhängt.
Betrachten wir einige Beispiele. Nehmen wir zunächst an, dass die Rakete auf dem Prinzip eines Atomreaktors aufbaut.

Durch Uranspaltung soll Energie frei werden, wobei etwa 1% der Ruhemasse in Energie umgewandelt werden kann.
Diese Energie soll idealer Weise völlig in kinetischer Energie der Spaltprodukte übergeführt werden.
Es gilt dann beim Ausstoß einer Masse Δ M

$$\frac{u2}{2}\Delta M \quad = \quad 10^{-3}\Delta M c^2$$

kinetische Energien Energie umgewandelt
Etwas ermutigerende Zahlen ergeben sich bei der Betrachtung einer fliegenden Wasserstoffbombe, also einer Rakete, die auf der Fusion von Wasserstoff zu Helium beruht.
Die Rechnung zeigt in diesem Fall, dass das entstandene Helium mit der Geschwindigkeit U = c/12 ausgestoßen werden könnte. Besteht die Rakete zu 90% aus Wasserstoff, so lässt sich errechnen:

$$v = c \times \frac{1-\left(\frac{M1}{M0}\right)^{\frac{2U}{c}}}{1+\left(\frac{M1}{M0}\right)^{\frac{2U}{c}}}$$

$$= c \times \frac{1-\left(\frac{1}{10}\right)^{\frac{1}{6}}}{1+\left(\frac{1}{10}\right)^{\frac{1}{6}}} = 0{,}189561\ c$$

In den vorangehenden beiden Beispielen haben wir bereits sehr idealisierende Annahmen gemacht. Es ist kaum vorstellbar, dass jeweils Raketen existieren werden, die auf dem Prinzip der Kernspaltung bzw. Kernfusion beruhen und zu 90% aus reinem Treibstoff bestehen. Noch utopischer ist aber die Idee einer Rakete, die auf der Zerstrahlung von Materie und Antimaterie beruht.

Hierbei müsste es gelingen, gleichgroße Mengen von Materie und Antimaterie in einer Rakete aufzubewahren .
Es gilt:

$$\frac{U^2}{2}\Delta\ M = 10^{-3}\Delta\ M\ c^2$$

$$\frac{U^2}{2} = (10^{-3})\ c^2$$

$$u = \ = \sqrt{2 \times 10^{-3}}\ c = 0{,}044\ c \approx\ 1/25\ c$$

Nehmen wir an, dass 90% der Rakete aus reinem Uran bestehen und nur 10% für Technik und Nutzlast gebraucht werden.
Dann ist das Massenverhältnis durch M1/M0 = 1/10 gegeben. Es folgt also für v:

$$v = c \times \frac{1-\left(\frac{M1}{M0}\right)^{\frac{2U}{c}}}{1+\left(\frac{M1}{M0}\right)^{\frac{2U}{2}}}$$

$$= c\times \frac{1-\left(\frac{1}{10}\right)^{\frac{2}{25}}}{1+\left(\frac{1}{10}\right)^{\frac{2}{25}}} = c\times \frac{0{,}1682}{1{,}8317} = 0{,}092\ c$$

Ein fliegendes Atomkraftwerk kann also nur ca0,092 c der Lichtgeschwindigkeit fliegen.

Die relativistischen Effekte der Zeitdilatation und Lorentz-Kontraktion sind bei dieser Geschwindigkeit völlig zu vernachlässigen. Der Traum einer Reise durch das Universum lässt sich somit nur erschwert verwirklichen, denn wenn man davon ausgeht, dass eine Rakete nur 0,00032 c fliegen kann ist diese gedachte Geschwindigkeit nicht zu erreichen!!
Im Raketenmotor tritt dann restlos Zerstrahlung auf,
und die Rakete emittiert Lichtquanten, deren Rückstoß den Antrieb liefert.
In diesem Fall beträgt die Auspuffgeschwindigkeit U = c, so dass besonders günstige Verhältnisse vorliegen.
Rechnen wir wieder mit dem Massenverhältnis M1/M2 = 1/10 so folgt die Gleichung:

$$v = c \times \frac{1-\left(\frac{M1}{M0}\right)^{\frac{2U}{c}}}{1+\left(\frac{M1}{M0}\right)^{\frac{2U}{c}}}$$

$$= c \times \frac{1-\left(\frac{1}{10}\right)^{2}}{1+\left(\frac{1}{10}\right)^{2}} = 0{,}98\ c$$

Aufgabe (1)

Stellen Sie sich vor, Sie würden in den CERN-Beschleuniger eingeschlossen. Es gilt mU = 105 kg. Welche Masse hätten Sie bei einer Endgeschwindigkeit von v = 0,9994?

Es gilt:

$$md = \frac{m}{\sqrt{1-\frac{v2}{cv2}}}$$

$$= \frac{105\,kg}{\sqrt{1-0{,}9994\,\frac{2}{}}} = 3031,\ 543679\ kg$$

Aufgabe (2)

Berechnen Sie die dynamische Masse der Elektronen, die im deutschen Elektronensynchroton DESY in Hamburg auf die Energie von a) 7500 MeV beschleunigt werden, Um welchen Faktor ist die dynamische Masse dann größer als die Ruhemasse der Elektronen. Die Ruhemasse der Elektronen beträgt: m_e = 9,1093897 $\times 10^{-31}$ kg. Es gilt mc^2 = 0,51!!
b) Berechnen Sie die Geschwindigkeit der Elektronen bei einer Energíe von 2560 MeV
c) bzw. bei einer Energie von4876 MeV!

Um welchen Faktor sind die beschleunigten Elektronen dann schwerer als im Ruhezustand?
Es gilt:
$EK = m\ c^2 \times (k-1)$

$$\frac{E_K}{m\ c^2} = k-1$$

$$k = \frac{E_K}{mc^2} + 1$$

$$\frac{1}{\frac{E_K}{mc^2}+1} = \sqrt{1 - \frac{v^2}{c^2}}$$

$$\left(\frac{1}{\frac{E_K}{mc^2}+1}\right)^2 = 1 - \frac{v^2}{c^2}$$

$$\left(\frac{1}{\frac{E_K}{mc^2+1}}\right)^2 - 1 = - \frac{v^2}{c^2}$$

$$\frac{v^2}{c^2} = 1 - \left(\frac{1}{\frac{E_K}{mc^2+1}}\right)^2$$

$$v^2 = c^2 \times \left(1 - \frac{1}{\frac{E_K}{mc^2}}\right)^2$$

$$v = \sqrt{c^{2} \times (1 - \left(\frac{1}{\frac{E_K}{mc^{2}+1}}\right)^{2}}$$

$$v = \sqrt{1 - \left(\frac{1}{\frac{E_K}{mc^{2}+1}}\right)^{2}} \times c$$

a)

$$v = \sqrt{1 - \left(\frac{1}{\frac{EK}{mc^{2}+1}}\right)^{2}} \times c$$

$$= \sqrt{1 - \left(\frac{1}{\frac{7500}{0{,}51+1}}\right)^{2}} \times c$$

$$v = 0{,}9999999797\ c$$

$$md = \frac{m}{\sqrt{1-\frac{v2}{c2}}}$$

$$= 9{,}1093897 \times 10^{-31}\ kg \times \frac{1}{\sqrt{1-0{,}9999999797^{2}}}$$

$= \quad 4,520914199 \quad 10^{-27}$kg

Es gilt:

$\frac{md}{m} = x \qquad\qquad x = 4962{,}91667$ kg

m d ist um den Faktor x = 4962, 91667größer als m

b)

$$v = \sqrt{1 - \left(\frac{1}{\frac{EK}{mc^2}+1}\right)^2} \times c$$

$$= \sqrt{1 - \left(\frac{1}{\frac{2560}{0{,}51}+1}\right)^2} \times c$$

$$v = 0{,}999999826\ c$$

$$md = \frac{m}{\sqrt{1-\frac{v^2}{c^2}}}$$

$$= 9{,}1093897 \times 10^{-31} \times \frac{1}{\sqrt{1-0{,}999999826^2}}$$

$1{,}54418241 \times 10^{-27}$ kg

Es gilt:

$$\frac{md}{m} = x = 1695{,}158832$$

m d ist um den Faktor x = 1695,158832größer als m

c)

$$v = \sqrt{1-\left(\frac{1}{\frac{EK}{mc^2}+1}\right)^2} \times c$$

$$= \sqrt{1-\left(\frac{1}{\frac{4876}{0{,}51}+1}\right)^2} \times c$$

v = 0,9999999519 c

$$md = \frac{m}{\sqrt{1-\frac{v^2}{c^2}}}$$

$$= 9,1093897 \times 10^{-31} \times \frac{1}{\sqrt{1-0,9999999519^{\,2}}}$$

$$=2,936985116^{-27}\ \text{kg}$$

Es gilt:

$$\frac{md}{m} = x \qquad x = 3224,129401$$

m d ist um den Faktor x = 3224,124 größer als m

Aufgabe 3

a) Bis zu welcher Geschwindigkeit muss ein Elektron beschleunigt werden, damit seine dynamische Masse auf den doppelten Wert seiner Ruhemasse ansteigt?

b) Wie schnell muss es sein, wenn das Verhältnis dynamische Masse zur Ruhemasse gleich 3 zu 1 ist?

c) Und wie schnell muss das Elektron sein, wenn seine dynamische Masse auf den vierfachen Wert seiner Ruhemasse ansteigt?

Es gilt:

$$\mathbf{md} = \frac{m}{\sqrt{1-\frac{v2}{c2}}}$$

$$\frac{v2}{c2} = 1 - \left(\frac{m}{md}\right)^{\frac{2}{}}$$

$$\frac{m\,d}{m} = \frac{1}{\sqrt{1-\frac{v2}{2}}}$$

$$v^2 = c^2\,(1- \left(\frac{m}{md}\right)^2$$

$$\frac{m}{md} = \sqrt{1-\frac{v2}{c2}}$$

$$v = \sqrt{c\,\frac{2}{}\left(1-\frac{m}{md}\right)\frac{2}{}}$$

$$\left(\frac{m}{md}\right)^2 = 1 - \frac{v2}{c2}$$

$$v = \sqrt{1-\left(\frac{m}{md}\right)\frac{2}{}} \times c$$

a)

$$v = \sqrt{1-\left(\frac{m}{md}\right)\frac{2}{}} \times c$$

$$= \sqrt{1-\left(\frac{1}{2}\right)\frac{2}{}} \times c$$

$$= 0{,}86\ c$$

b)

$$v = \sqrt{1 - \left(\frac{m}{md}\right)\frac{2}{-}} \times c$$

$$= \sqrt{1 - \left(\frac{1}{3}\right)\frac{2}{-}} \times \ c$$

= 0,94 c

c)

$$v = \sqrt{1 - \left(\frac{m}{md}\right)\frac{2}{-}} \times c$$

$$= \sqrt{1 - \left(\frac{1}{4}\right)\frac{2}{-}} \times \ c$$

= 0,968 c

Aufgabe 4

Ein Photon der Energie E = 3,75 m c^2 trifft auf ein ruhendes Elektron der Ruhemasse m und wird von ihm absorbiert. Wie groß ist die Geschwindigkeit des Elektrons nachher?

Es gilt für den Impulserhaltungssatz

1) $P_{Photon} + 0 = P_{Teilchen}$

$$\frac{E}{c} = \frac{3{,}75\, mc^2}{c} = \frac{m}{\sqrt{1-\frac{v^2}{c^2}}} \times v$$

Es gilt für den Energieerhaltungssatz:

2) E Photon + Ruhernergie = Gesamtenergie des

bewegten Elektrons

$$3{,}75\ m\ c^2 + mc2 = \frac{mc^2}{\sqrt{1-\frac{v^2}{c^2}}}$$

1)

$$3{,}75\ mc = \frac{m \times v}{\sqrt{1-\frac{v^2}{c^2}}}$$

2)

$$3{,}75\ mc^2 + mc^2 = \frac{mc^2}{\sqrt{1-\frac{v^2}{c^2}}}$$

$$4{,}75\ mc^2 = \frac{mc^2}{\sqrt{1-\frac{v^2}{c^2}}}$$

$$4{,}75\ m = \frac{m}{\sqrt{1-\frac{v^2}{c^2}}}$$

$$4{,}75\ m\ v = \frac{m \times v}{\sqrt{1-\frac{v^2}{c^2}}}$$

$$3{,}75\ mc = 4{,}75\ m\ v$$

$$3{,}75\ c = 4{,}75\ v$$

$$v = \frac{3{,}75}{4{,}75} \times c$$

$$v = 0{,}789\ c$$

Aufgabe 5

a) Zwei Teilchen gleicher Ruhemasse m= 0,02kg und gleicher kinetischer Energie E (k) = 2 mc^2 stoßen zentral zusammen und bilden ein neues Teilchen. Wie groß ist die Ruhemasse M des neuen Teilchens?
b) Wie groß ist die Masse des neuen Teilchens bei einer Energie von E (k) = 3,58 mc^2
c) bzw. einer Energie von E (k) = 4,51 mc^2?

a)

Es gilt:

$$v = \sqrt{1 - \left(\frac{1}{\frac{E\,k}{mc^2+1}}\right)^2} \times c$$

$$= \sqrt{1 - \left(\frac{1}{\frac{2\,mc^2}{mc^2+1}}\right)^2} \times c$$

= 0,866 c

$$M = \frac{m}{\sqrt{1-\frac{v^2}{c^2}}} + \frac{m}{\sqrt{1-\frac{v^2}{c^2}}}$$

$$= m\left(\frac{1}{\sqrt{1-0{,}866^2}} + \frac{1}{\sqrt{1-0{,}866^2}}\right) = 3{,}9996\ m$$

Seite 67

b)

$$v = \sqrt{1-\left(\frac{1}{\frac{E\,k}{mc^2}+1}\right)^2} \times c$$

$$= \sqrt{1-\left(\frac{1}{\frac{3{,}58\,mc^2}{mc^2}+1}\right)^2} \times c$$

$$= 0{,}9601\ c$$

$$M = \frac{m}{\sqrt{1-\frac{v^2}{c^2}}} + \frac{m}{\sqrt{1-\frac{v^2}{c^2}}}$$

$$= m \left(\frac{1}{\sqrt{1-0{,}9601^2}} + \frac{1}{\sqrt{1-0{,}9601^2}} \right)$$

$$= 7,\ 15162\ m$$

c)

$$v = \sqrt{1 - \left(\frac{1}{\frac{E\,k}{mc^2}+1} \right)^2} \times \quad c$$

$$= \sqrt{1 - \left(\frac{1}{\frac{4{,}51\ mc^2}{mc^2}+1} \right)^2} \times \quad c$$

$$= 0{,}97511\ c$$

$$M = \frac{m}{\sqrt{1-\frac{v^2}{c^2}}} + \frac{m}{\sqrt{1-\frac{v^2}{c^2}}}$$

$$= m \left(\frac{1}{\sqrt{1-0{,}97511^2}} + \frac{1}{\sqrt{1-0{,}97511^2}}\right)$$

$$= 9{,}02032\ m$$

Aufgabe 6

Zeigen Sie, dass der relativistische Ausdruck für die kinetische Energie für kleine Geschwindigkeiten näherungsweise in die klassische Formel m v^2 / 2 übergeht!

Es gilt der relativistische Ausdruck:

$$E_k = m c^2 \times \left(\frac{1}{\sqrt{1-\frac{v^2}{c^2}}} - 1\right)$$

Umwandelbar in die klassische Formel:

$$E_k = \frac{1}{2} m v^2$$

Mit

$$(1+x)^{\alpha} = (\alpha_1)x + (\alpha_2)x^2 + (\alpha_3)x^3 \ldots$$

$$= 1 + \alpha x + \frac{\alpha(\alpha-1)}{2}$$

Wenn α und xgegen Null gehen, dann folgt:

1) $(1+x)^{\alpha} = 1 + \alpha x$

$x = -\frac{v2}{c2}$; $\alpha = -\frac{1}{2}$ **in (1) eingesetzt folgt**

2) $(1-\frac{v^2}{c^2})^{-1/2}$

$$E\,k = m\,c^2 \times \left(\frac{1}{\sqrt{1-\frac{v^2}{c^2}}} - 1\right)$$

$$= m\,c^2 \times \left(\left(1-\frac{v^2}{c^2}\right)^{-1/2} - 1\right)$$ **Mit (1)**

$$= m\,c^2 \times \left(1 + \left(-\frac{1}{2} \times \left(-\frac{v^2}{c^2}\right)\right) - 1\right)$$

$$= m\,c^2 \times \left(\frac{1}{2}\frac{v^2}{c^2}\right)$$

$$= \frac{1}{2}\,m\,v^2$$

Was zu beweisen war!

Für v^2 / c^2 gelten kleine Geschwindigkeiten (z.B: 0,00023 c = Geschwindigkeit einer Rakete). Somit erfüllt sich die Formel für die klassische Physik!

Aufgabe 7

a)Ein erdachtes Raumschiff soll mit einem Hybridantrieb fliegen - zu 71% Atomantrieb und zu 29% Wasserstoffantrieb. Beim Atomantrieb soll durch Uranspaltung Energie frei werden, wobei etwa 3,7% der Ruhemasse in Energie umgewandelt werden soll.

Ferner sei angenommen, dass 89% der Rakete aus reinem Uran besteht und 11% für Technik und Nutzlast gebraucht werden. Beim Wasserstoffantrieb, also bei der Fusion von Wasserstoff zu Helium, soll 1,8% der Ruhmasse in Energie umgewandelt werden.
Auch soll angenommen sein, dass 82% der für Technik und Nutzlast verwendet werden.
Welche hypothetische Geschwindigkeit erreicht das Raumschiff. Das Massenverhältnis beträgt M1/M2 = 1/18.

b)Welche Masse erreicht das Raumschiff bei einer Ruhemasse von 55 Tonnen.

a)

(1) Atomantrieb:

$$\frac{u^2}{2} 1\% \gg 10^{-3} \Delta M c^2$$

$$\frac{u^2}{2} 3{,}7\% \gg 3{,}7 \times 10^{-3} \Delta M c^2$$

$$\frac{u^2}{2} \Delta M = 3{,}7\% \times 10^{-3} \Delta M c^2$$

$$\frac{u^2}{2} = 3{,}7 \times 10^{-3} c^2$$

$$u^2 = 2 \times 3{,}7 \times 10^{-3} \times c^2$$

$$u = \sqrt{2 \times 3{,}7 \times 10^{-3}} \times c$$

$$= \sqrt{7{,}4 \times 10^{-3}}\, c$$

$$= 0{,}09\, c$$

$$V_A = \frac{1-\left(\frac{M1}{M2}\right)^{\frac{2u/c}{}}}{1+\left(\frac{M1}{M2}\right)^{\frac{2u/c}{}}} \times c$$

$$= \frac{1-\left(\frac{1}{11}\right)^{\frac{0,18}{}}}{1+\left(\frac{1}{11}\right)^{\frac{0,18}{}}} \times c$$

$$= \frac{0,3505}{1,6494} \; c = \quad 0,2125\,c$$

Wasserstoffantrieb

Es gilt:

$$u = \sqrt{2 \times \left(\frac{1}{18} c\right)^{\frac{2}{}} / 2}$$

$$u^2 = 2 \times (\frac{1}{18} c)^{\frac{2}{}} / 2$$

$$\frac{u^{\frac{2}{}}}{2} = (\frac{1}{18} c)^{\frac{2}{}} / 2$$

$$\frac{u^{\frac{2}{}}}{2} \Delta M = (\frac{1}{18})^{\frac{2}{}} / 2 \times c^2 \times 10^{-3} \Delta M$$
$$= 1,5432 \times 10^{-6} \Delta M c^2$$

$$\frac{u^{\frac{2}{}}}{2} \Delta M = 1\% \gg 1,5432 \times 10^{-6} c^2 \Delta M$$

$$\frac{u^2}{2}\Delta M = 1{,}8\% \gg 1{,}8 \times 1{,}5432 \times 10^{-6}\, c^2 \Delta M$$

$$\frac{u^2}{2}\Delta M = 2{,}7\times 10^{-6}\, c^2 \Delta M$$

$$\frac{u^2}{2} = 2{,}7\times 10^{-6}\, c^2$$

$$u^2 = 2 \times 2{,}7\times 10^{-6}\, c^2$$

$$u = \sqrt{5{,}5 \times 10^{-6}}\, c = 0{,}002357c$$

Es gilt: (M1/M2) = (1/18)

$$v_W = \frac{1-\left(\frac{M1}{M2}\right)^{\frac{2u}{c}}}{1+\left(\frac{M1}{M2}\right)^{\frac{2u}{c}}} \times c$$

$$= \frac{1-\left(\frac{1}{18}\right)^{0{,}004714}}{1+\left(\frac{1}{18}\right)^{0{,}004714}} \times c$$

$$= \frac{0{,}0135}{1{,}9865}\, c$$

$v_W = 0{,}00679587\, c$

$$v_{ges} = \frac{71}{100} \times v_A + \frac{29}{100} \times v_W$$

$$= \frac{71}{100} \times 0{,}2125 + \frac{29}{100} \times 0{,}00679587c$$

$v_{ges} = 0{,}1528458\, c$

b)

$$m_d = \frac{m}{\sqrt{1-\frac{v^2}{c^2}}} = \frac{55T}{\sqrt{1-0{,}1528458^2}}$$

m_d = 55,6539309 Tonnen

Aufgabe 8

a)Ein weiteres Raumschiff soll zum einen Teil mit Atomantrieb und zum anderen Teil mit der Zerstrahlung von Materie und Antimaterie angetrieben werden. Es soll gelten: 7% des Antriebs beruhe auf der Zerstrahlung von Materie und Antimaterie. Der restliche Anteil, also 93%, soll durch die Kernspaltung erfolgen. Beim Atomantrieb soll durch Uranspaltung Energiefrei werden, wobei etwa 4,6% der Ruhmasse in Energie umgewandelt werden. Ferner sei angenommen, dass 83% der Rakete aus reinem Uran besteht und 17% für Technik und Nutzlast gebraucht werden.
Beim Antimaterieantrieb, also bei der Zerstrahlung von Materie und Antimaterie, soll 0,9% der Ruhmasse in Energie umgewandelt werden.

Auch soll angenommen sein, dass 75% der für Technik und Nutzlast verwendet werden
Das Massenverhältnis diesmal bei M1/M2 = 1/12 liegen soll.
Welche hypothetische Geschwindigkeit erreicht das Raumschiff?

b)Welche Masse erreicht das Raumschiff bei einer Ruhemasse von 13 000k kg?

a)

Atomantrieb

$$\frac{u^2}{2} 1\% \gg 10^{-3} \Delta M c^2$$

$$\frac{u^2}{2} 4{,}6\% \gg 4{,}6 \times 10^{-3} \Delta M c^2$$

$$\frac{u^2}{2} \Delta M = 4{,}6 \times 10^{-3} \Delta M c^2$$

$$\frac{u^2}{2} = 4{,}6 \times 10^{-3} \frac{c^2}{}$$

$$u^2 = 9{,}2 \times 10^{-3} c^2$$

$$u = \sqrt{9{,}2 \times 10^{-3}} \times c$$

$$= \sqrt{0{,}092} \times c$$

u = 0,0959 c

$$v_{\text{Atom}} = \frac{1-\left(\frac{M1}{M2}\right)^{\frac{2u}{c}}}{1+\left(\frac{M1}{M2}\right)^{\frac{2u}{c}}} \times c$$

$$= \frac{1-\left(\frac{1}{17}\right)^{0,1918}}{1+\left(\frac{1}{17}\right)^{0,1918}} \times c$$

$$= \frac{0,4129}{1,5807} \times c = 0,2612\ c$$

Antimaterieantrieb

Es gilt:

$$u = \sqrt{2 \times \left(\frac{1}{25}c\right)^{\frac{2}{}}/2}$$

$$u^2 = 2 \times \left(\frac{1}{25}c\right)^{\frac{2}{}}/2$$

$$\frac{u^{\frac{2}{}}}{2} = \left(\frac{1}{25}c\right)^{\frac{2}{}}/\ 2$$

$$\frac{u^{\frac{2}{}}}{2}\Delta M = \left(\frac{1}{25}\right)^{\frac{2}{}}/2 \times c^{2} \times 10^{-3}\Delta M$$

$$= 8 \times 10^{-4} \times \Delta M c^{2}$$

$$\frac{u^{\frac{2}{}}}{2}\Delta M = 1\% \gg 8 \times 10^{-7} c^{2} \Delta M$$

$$\frac{u^{\frac{2}{}}}{2}\Delta M = 0,9\ \% \gg 0,9 \times 8 \times 10^{-7} c^{2} \Delta M$$

$$\frac{u^2}{2} = (7{,}2\ \ 10^{-7})c^2$$

$$u^2 = (2 \times 7{,}2\ \ 10^{-7} c^2$$

$$u = \sqrt{1{,}44 \times 10 - \frac{-6}{}}\ c$$

u = 0,0012c

Es gilt : M1/M2 = 1/12

$$v_{Antimaterie} = \frac{1-\left(\frac{M1}{M2}\right)^{\frac{2u}{c}}}{1+\left(\frac{M1}{M2}\right)^{\frac{2u}{c}}} \times c$$

$$= \frac{1-\left(\frac{1}{12}\right)^{0{,}0024}}{1+\left(\frac{1}{12}\right)^{0{,}0024}} \times c$$

$$= \frac{0{,}005946}{1{,}994054}\ c$$

$$v_{Antimaterie} = 0{,}00298186\ c$$

$$v_{ges} = \frac{93}{100} \times v_{\ Atom} + \frac{7}{100} \times v_{\ Anti}$$

$$= \frac{93}{100} \times 0{,}2612\ c + \frac{7}{100} \times 0{,}00298186\ c$$

$$v_{ges} = 0{,}2431247c$$

b)

$$md = \frac{m}{\sqrt{1-\frac{v^2}{c^2}}} = \frac{13000kg}{\sqrt{1-0{,}2431247^2}}$$

md = 13402,13037kg

Aufgabe 9

a) Zum Schluss sei folgendes Gedankenexperiment gestellt. Ein Raumschiff, das zum einen Teil mit der Fusion von Wasserstoff zu Helium angetrieben ist, und dessen anderer Anrieb die Zerstrahlung von Materie und Antimaterie sei, soll zu 85% durch Wasserstoffantrieb und zu 15% Antimaterieantrieb einen Vorwärtsimpuls erfahren, wobei beim Wasserstoffantrieb 3,5% der Ruhmasse in Energie umgewandelt werden soll. Auch sei angenommen, dass 91% der Rakete aus Wasserstoff besteht und 9% für Technik und Nutzlast verwendet werden.

Bei der Zerstrahlung von Materie und Antimaterie soll 2,5% der Ruhmasse in Energie umgewandelt werden.
Auch soll angenommen sein, dass 75% der für Technik und Nutzlast verwendet werden
Das Massenverhältnis sei M1/M2 = 1/8
Welche hypothetische Geschwindigkeit erreicht das Raumschiff?

b)Welche Masse erreicht das Raumschiff bei einer Ruhemasse von 35 000 kg?

a)
Wasserstoff:

$$\frac{u^2}{2} 1\% \gg 10^{-3} \Delta M c^2$$

$$\frac{u^2}{2} 3,5\% \gg 3,5 \times 10^{-3} \Delta M c^2$$

$$\frac{u^2}{2} \Delta M = 3,5 \times 10^{-3} \Delta M c^2$$

$$u^2 = 7 \times 10^{-3} c^2$$

$$u = \sqrt{7 \times 10^{-3}} c$$

u = 0,08366c

Es gilt:

$$v_{\text{Wasserstoff}} = \frac{1-\left(\frac{M1}{M2}\right)^{\frac{2u}{c}}}{1+\left(\frac{M1}{M2}\right)^{\frac{2u}{c}}} \times c$$

$$= \frac{1-\left(\frac{1}{9}\right)^{0,16733}}{1+\left(\frac{1}{9}\right)^{0,16733}} \times c$$

$$= \frac{0,30765}{1,69235} c$$

$$v_{\text{Wasserstoff}} = 0,0,18788\ c$$

Antimaterie

$$u = \sqrt{2 \times \left(\frac{1}{25} c\right)^{2}/2}$$

$$u^2 = 2 \times \left(\frac{1}{25} c\right)^{2}/2$$

$$\frac{u^2}{2} = \left(\frac{1}{25} c\right)^{2}/2$$

$$\frac{u^2}{2} \Delta M = \left(\frac{1}{25}\right)^{2}/2 \times c^2 \times 10^{-3} \times \Delta M$$

$$= 8 \times 10^{-7} \Delta M\, c^2$$

$$\frac{u^2}{2}\Delta M = 1\% \gg 8 \times 10^{-7}c^2\Delta M$$

$$\frac{u^2}{2}\Delta M = 2{,}5\,\% \gg 2{,}5 \times 8 \times 10^{-7}c^2\Delta M$$

$$\frac{u^2}{2}\Delta M = 2 \times 10^{-6}\, c^2\Delta M$$

$$\frac{u^2}{2} = 2 \times 10^{-6}c^2$$

$$u^2 = 4 \times 10^{-6}\,c^2$$

$$u = \sqrt{4 \times 10^{-6}}\ c$$

u = 0,002 c

Es gilt: M1/M2 = 1/8

$$v_{Antimaterie} = \frac{1-\left(\frac{M1}{M2}\right)^{\frac{2u}{c}}}{1+\left(\frac{M1}{M2}\right)^{\frac{2u}{c}}} \times c$$

$$= \frac{1-\left(\frac{1}{8}\right)^{0,,004}}{1+\left(\frac{1}{8}\right)^{0,004}} \times c$$

$$= \frac{0{,}0028327}{1{,}9917167}$$

$$v_{Antimaterie} = 0{,}00142224c$$

$$v_{Gesamt} = \frac{85}{100} \times v_{Wasserstoff} + \frac{15}{100} \times v_{Antimaterie}$$

$$= \frac{85}{100} \times 0{,}181788 + \frac{15}{100} \times 0{,}00142224$$

$$v_{Gesamt} = 0{,}154733136$$

b)

$$md = \frac{m}{\sqrt{1 - \frac{v2}{c2}}}$$

$$= \frac{35\,000\ kg}{\sqrt{1 - 0{,}154733136\,\frac{2}{}}}$$

$$md = 35426{,}66806\ kg$$

Quellenverzeichnis

Der Autor hat das Buch „Raum-Zeit-Relativität“ von Roman Sexl für die Arbeit der „Speziellen Relativitätstheorie“ überarbeitet.

Kurzbiographie von A. Einstein:

Albert Einstein (* 14. März1879 in Ulm, Württemberg, Deutsches Reich; † 18. April1955 in Princeton, New Jersey, Vereinigte Staaten) gilt als einer der bedeutendsten theoretischen Physiker der Welt und weltweit als bekanntester Wissenschaftler der Neuzeit. Seine Forschungen zur Struktur von Materie, Raum und Zeit sowie zum Wesen der Gravitation veränderten maßgeblich das zuvor geltende newtonsche Weltbild.

Einsteins Hauptwerk, die Relativitätstheorie, machte ihn weltberühmt. Im Jahr 1905 erschien seine Arbeit mit dem Titel *Zur Elektrodynamik bewegter Körper,* deren Inhalt heute als spezielle Relativitätstheorie bezeichnet wird. 1915 publizierte er die allgemeine Relativitätstheorie. Auch zur Quantenphysik leistete er wesentliche Beiträge. „Für seine Verdienste um die theoretische Physik, besonders für seine Entdeckung des Gesetzes des photoelektrischen Effekts“, erhielt er den Nobelpreis des Jahres 1921, der ihm 1922 überreicht wurde. Seine theoretischen Arbeiten spielten – im Gegensatz zur verbreiteten Meinung – beim Bau der Atombombe und der Entwicklung der Kernenergie nur eine indirekte Rolle.

Albert Einstein gilt als Inbegriff des Forschers und Genies. Er nutzte seine außerordentliche Bekanntheit auch außerhalb der naturwissenschaftlichen Fachwelt bei seinem Einsatz für Völkerverständigung und Frieden. In

diesem Zusammenhang verstand er sich selbst als Pazifist, Sozialist und Zionist.

Im Laufe seines Lebens war Einstein Staatsbürger mehrerer Länder: Durch Geburt besaß er die württembergische Staatsbürgerschaft. Von 1896 bis 1901 staatenlos, ab 1901 bis zu seinem Tode Staatsbürger der Schweiz, war er 1911/12 in Österreich-Ungarn auch Bürger Österreichs. Von 1914 bis 1932 lebte Einstein in Berlin und war als Bürger Preußens erneut Staatsangehöriger im Deutschen Reich. Mit der Machtergreifung Hitlers gab er 1933 den deutschen Pass endgültig ab und wurde 1934 vom Deutschen Reich strafausgebürgert. Zusätzlich zu seinem seit 1901 geltenden Schweizer Bürgerrecht erwarb er 1940 noch die Staatsbürgerschaft der Vereinigten Staaten.

Kindheit und Jugend

Vorfahren und Elternhaus

Die Eltern Hermann Einstein (30. August 1847 bis 10. Oktober 1902) und Pauline Einstein, geb. Koch (8. Februar 1858 bis 20. Februar 1920, geboren in Cannstatt, Württemberg; gestorben in Berlin), entstammten beide jüdischen Familien, die schon seit Jahrhunderten im schwäbischen Raum ansässig waren.

Die Großeltern mütterlicherseits hatten ihren Nachnamen Dörzbacher in Koch geändert. Die Großeltern väterlicherseits trugen noch traditionell jüdische Namen,

Abraham und Hindel Einstein. Mit den Eltern Albert Einsteins änderte sich das. Sein Vater Hermann Einstein stammte aus der oberschwäbischen Kleinstadt Buchau, in der es seit dem Mittelalter innerhalb des Territoriums des freiweltlichen Damenstifts Buchau eine bedeutende jüdische Gemeinde gab (siehe auch: Familie Einstein in Bad Buchau). Der erste namentlich nachgewiesene Vorfahre Albert Einsteins, ein aus dem Bodenseeraum stammender Pferde- und Tuchhändler namens *Baruch Moses Ainstein,* wurde im 17. Jahrhundert in die Gemeinde aufgenommen. Auf den Grabsteinen des Buchauer jüdischen Friedhofs sind noch heute die Namen vieler Verwandter Einsteins zu finden; so unter anderem auch der des letzten Juden Buchaus, *Siegbert Einstein,* eines Großneffen des Physikers, der das KZ Theresienstadt überlebt hatte und nach dem Zweiten Weltkrieg zeitweise zweiter Bürgermeister der Stadt Buchau war.

Hermann Einstein übersiedelte mit seinen Brüdern 1869 nach Ulm. Dort heiratete er 1876 Pauline Koch und lebte in der Bahnhofstraße B135, wo Albert Einstein am 14. März 1879 zur Welt kam. Albert wuchs in einer assimilierten, nicht strenggläubigen

deutsch-jüdischen Mittelstandsfamilie heran. Einstein sprach später, kurz nach seinem 50. Geburtstag, gegenüber der Ulmer Abendpost folgendermaßen über seine Geburtsstadt:

„Die Stadt der Geburt hängt dem Leben als etwas ebenso Einzigartiges an wie die Herkunft von der leiblichen Mutter. Auch der Geburtsstadt verdanken wir einen Teil unseres Wesens. So gedenke ich Ulm in Dankbarkeit, da es edle künstlerische Tradition mit schlichter und gesunder Wesensart verbindet.“

– 18. März 1929[6]

Zu seiner in Ulm lebenden, nur wenig älteren Cousine Lina Einstein hielt Albert Einstein den Kontakt. 1940 wurde sie im Alter von 65 Jahren zwangsweise in das jüdische Altersheim Oberstotzingen eingewiesen. Alberts Versuche, für Lina eine Ausreisegenehmigung in die USA zu beschaffen, scheiterten. 1942 wurde Lina Einstein in das KZ Theresienstadt deportiert und im selben Jahr im Vernichtungslager Treblinka ermordet.

Schweiz 1895–1914

Im Frühjahr und Sommer 1895 hielt sich Einstein in Pavia auf, wo seine Eltern vorübergehend lebten, und half in der Firma mit. Er machte Ausflüge in die Alpen und zum Apennin und besuchte seinen Onkel Julius Koch in Genua. In dieser Zeit schrieb der 16-

jährige Einstein seine erste wissenschaftliche Arbeit, ein Essay mit dem Titel *Über die Untersuchung des Ätherzustandes im magnetischen Felde,* und schickte sie seinem in Belgien lebenden Onkel Caesar Koch (1854–1941) zur Begutachtung.

Die Arbeit wurde nie als wissenschaftlicher Beitrag in einer Zeitschrift veröffentlicht und blieb in der Form eines Diskussionsbeitrages. Dem Wunsch seines Vaters, er möge Elektrotechnik studieren, kam Einstein nicht nach. Stattdessen folgte er dem Hinweis eines Freundes der Familie und bewarb sich um einen Studienplatz an der eidgenössisch polytechnischen Schule in Zürich, der heutigen ETH Zürich. Da er noch kein Abitur beziehungsweise keine schweizerische Matura hatte, musste er im Oktober 1895 eine Aufnahmeprüfung ablegen, die er – als jüngster Teilnehmer mit 16 Jahren – jedoch nicht bestand. Er meisterte den naturwissenschaftlichen Teil mit Bravour und scheiterte an mangelnden Französischkenntnissen. Auf Vermittlung des von ihm überzeugten Maschinenbauprofessors Albin Herzog besuchte er anschließend die Gewerbeschule an der liberal geführten aargauischen Kantonsschule in der Schweiz, um dort die Matura nachzuholen. Während dieser Zeit in Aarau kam er bei der Familie Winteler unter. Er zog dort im Oktober 1895 für ein Jahr ein; bald begann eine Liaison mit der zwei Jahre älteren Marie Winteler. Anfang 1896 gab Einstein seine württembergische und somit auch die deutsche Staatsbürgerschaft auf und ließ sich gleichzeitig als

keiner Religionsgemeinschaft zugehörig eintragen. Die nächsten fünf Jahre blieb er staatenlos.[14][20]

Auf Einsteins am 3. Oktober 1896 ausgestelltem Zeugnis der „Maturitätsprüfung“ stand fünfmal die bestmögliche Note, in der Schweiz eine Sechs. Die schlechteste Note war eine Drei in Französisch.

Das Gerücht, dass Einstein allgemein ein schlechter Schüler war, ist falsch: Es geht auf Einsteins ersten Biografen zurück, der das Benotungssystem der Schweiz mit dem deutschen verwechselte

Vom Hauslehrer zum Patentamt Bern

Seine Bewerbungen auf Assistentenstellen am Polytechnikum und anderen Universitäten wurden abschlägig beschieden. Er verdingte sich als Hauslehrer in Winterthur, Schaffhausen und schließlich in Bern. 1901 wurde seinem Antrag auf die Schweizer Staatsangehörigkeit stattgegeben. Am 16. Juni 1902 erhielt Einstein, auf Empfehlung seines Freundes Marcel Grossmann, endlich eine feste Anstellung: als *technischer Experte 3. Klasse* beim Schweizer Patentamt in Bern.

Während der Probezeit am Patentamt begannen seine regelmäßigen Treffen mit dem Philosophiestudenten Maurice Solovine und dem Mathematikstudenten Conrad Habicht, die als *Akademie Olympia* bezeichnet wurden und 1904 endeten.

Von ersten Veröffentlichungen bis zur berühmten Formel E = mc² (1905)

Im Jahr 1905, im Alter von 26 Jahren, veröffentlichte Einstein einige seiner wichtigsten Werke:

- **Am 17. März 1905 beendete er seine Arbeiten zum photoelektrischen Effekt, die er anschließend als *Über einen die Erzeugung und Verwandlung des Lichts betreffenden heuristischen Gesichtspunkt* publizierte.**
- **Am 30. April 1905 stellte er seine Dissertation *Eine neue Bestimmung der Moleküldimensionen* fertig, mit der er am 20. Juli an der Universität Zürich bei den Professoren Alfred Kleiner und Heinrich Burkhardt sein Promotionsgesuch einreichte. Er wählte die Universität Zürich, da dort aufgrund eines Abkommens mit dem Polytechnikum, an dem Einstein studiert hatte, das Rigorosum (mündliche Prüfung) entfiel. In seiner Dissertation berechnete er die Größe von Zuckermolekülen in Lösung und daraus einen Wert für die Avogadro-Konstante.**
- **Sie steht in Zusammenhang mit seiner im gleichen Jahr erschienenen Arbeit über die Brownsche Molekularbewegung und stützte die damals bei führenden Physikern (Wilhelm Ostwald, Ernst Mach) noch umstrittene**

- **Atomhypothese. Die Arbeit wurde von Burkhardt und Kleiner relativ schnell akzeptiert (im Juli wurde das Promotionsverfahren abgeschlossen). Paul Drude, der Herausgeber der Annalen der Physik, an den Einstein die Arbeit geschickt hatte, war jedoch mit dem gefundenen Wert für die Avogadro-Konstante nicht zufrieden und verlangte Nachbesserungen, die Einstein auch lieferte.**

- **Das führte zu einer halbjährigen Verzögerung der Publikation und Einstein wurde deshalb erst am 15. Januar 1906 formal promoviert. Vier Jahre später (1909), als Jean Perrins Versuche bekannt wurden, wandte sich Einstein an Perrin mit der Bitte um experimentelle Überprüfung, und gleichzeitig fand Ludwig Hopf, den Einstein um Überprüfung seiner Dissertation gebeten hatte, einen Fehler in seiner Dissertation, der das Ergebnis verfälscht hatte. Einstein schickte daraufhin 1911 eine Berichtigung an die Annalen.**
- **Am 11. Mai 1905 folgte seine Publikation zur brownschen Molekularbewegung: *Über die von der molekularkinetischen Theorie der Wärme geforderte Bewegung von in ruhenden Flüssigkeiten suspendierten Teilchen.***

- **Am 30. Juni 1905 reichte Einstein seine Abhandlung *Zur Elektrodynamik bewegter Körper* ein. Kurz darauf lieferte Einstein seinen Nachtrag *Ist die Trägheit eines Körpers von seinem Energieinhalt abhängig*. Letzterer enthält implizit zum ersten Mal die wohl berühmteste Formel der Welt, $E = mc^2$ (Energie ist gleich Masse mal Lichtgeschwindigkeit zum Quadrat, Äquivalenz von Masse und Energie). Beide Arbeiten zusammen werden heute als spezielle Relativitätstheorie bezeichnet.**

Das Jahr 1905 war somit ein äußerst fruchtbares Jahr, man spricht auch vom Annusmirabilis (Wunderjahr). Carl Friedrich von Weizsäcker schrieb dazu später:

„1905 eine Explosion von Genie. Vier Publikationen über verschiedene Themen, deren jede, wie man heute sagt, nobelpreiswürdig ist: die spezielle **Relativitätstheorie, die Lichtquantenhypothese, die Bestätigung des molekularen Aufbaus der Materie durch die ‚brownsche Bewegung', die quantentheoretische Erklärung der spezifischen** Wärme **fester Körper."**

Die Schritte bis zur neuen Theorie der Gravitation

Als Einstein 1907 den langen Weg von der speziellen zur allgemeinen Relativitätstheorie antrat, war er noch ein weithin unbekannter Angestellter im Berner Patentamt. Am Ende des Weges, 1915, war er ein in Fachkreisen schon hochangesehener Professor in Berlin, der, wie Planck später sagte, nur „an den Leistungen Johannes Keplers und Isaac Newtons gemessen“ werden könne. Der Weg zur allgemeinen Relativitätstheorie begann 1907 zum einen mit dem Geistesblitz, den Einstein als „den glücklichsten Gedanken meines Lebens“ bezeichnete, zum anderen mit einer Einschränkung seiner bisherigen Arbeiten zur Relativität, die grundsätzlicher Natur war. Die Letztere war die Einsicht, dass die Lichtgeschwindigkeit unter dem Einfluss der Gravitation keine Konstante ist, die spezielle Relativitätstheorie demnach nur unter der Bedingung gültig sein konnte, dass keine Schwerkraft vorhanden sei, wie Einstein in einem Aufsatz von 1911 wiederholte: „Die Relativitätstheorie hat ergeben, daß die träge Masse eines Körpers mit dem Energieinhalt desselben wächst. (...)

Das so befriedigende Resultat der Relativitätstheorie, nach dem der Satz von der Erhaltung der Masse in dem Satz von der Erhaltung der Energie aufgeht, wäre nicht aufrecht zu erhalten“.

Der Geistesblitz dagegen betraf die Äquivalenz zwischen Träger und schwerer Masse, also die Übereinstimmung der konstanten Beschleunigung eines Bezugssystems und der Schwerkraft: „Ich saß auf meinem Sessel im Berner Patentamt, als mir plötzlich folgender Gedanke kam: ‚Wenn sich eine Person im freien Fall befindet, dann spürt sie ihr eigenes Gewicht nicht'. Ich war verblüfft. Dieser einfache Gedanke machte auf mich einen tiefen Eindruck. Er trieb mich in Richtung einer Theorie der Gravitation."

Bis zur ersten Schrift, in der dieser Geistesblitz zu einer näheren physikalischen Formulierung führte, sollten allerdings noch über drei Jahre vergehen, denn „Einstein äußerte sich vom Dezember 1907 bis zum Juni 1911 (...) nicht über Fragen der Gravitation."

Im Jahr 1908 kam es aber zu einer bahnbrechenden Neuerung, der Einstein zunächst skeptisch gegenüberstand und die er sogar als „überflüssige Gelehrsamkeit" abtat: der mathematischen Formulierung der Raumzeit durch seinen ehemaligen Lehrer Hermann Minkowski, dessen Urheberschaft dieser revolutionären Konzeption später von Einstein ausdrücklich anerkannt und gewürdigt wurde.

Im Minkowski-Raum kann das relative Verhältnis der Größen von Raum und Zeit in der speziellen Relativitätstheorie durch die Setzung einer imaginären Zeiteinheit anschaulich als Drehung dargestellt werden. Erst 1912 ließ sich Einstein von den Vorzügen des Minkowski-Raums überzeugen.

Einige der wichtigsten Aufsätze der späteren allgemeinen Relativitätstheorie im Überblick:

- ***Über das Relativitätsprinzip und die aus demselben gezogenen Folgerungen.***
- ***Über den Einfluß der Schwerkraft auf die Ausbreitung des Lichtes.* Noch gemäß dem Huygensschen Prinzip stellt Einstein hier nur eine Abweichung der Lichtstrahlen von Fixsternen in der Nähe der Sonne von 0,83 Bogensekunden fest, der nach den Feldgleichungen von 1915 errechnete Wert lag bei 1,7 Bogensekunden.**
- ***Entwurf einer verallgemeinerten Relativitätstheorie und einer Theorie der Gravitation.* I. Physikalischer Teil von Albert Einstein. II. Mathematischer Teil von Marcel Grossmann.**
- ***Nordströmsche Gravitationstheorie vom Standpunkt des allgemeinen Differentialkalküls.* Mit A. D. Fokker.**

Eine Reaktion auf Gunnar Nordströms alternative Gravitationstheorie und eine „Publikation, die für die Geschichte der allgemeinen Relativität von beträchtlichem Interesse ist, weil sie Einsteins erste Behandlung der Gravitationstheorie darstellt, in der die allgemeine Kovarianz streng gültig ist".

- *Zur allgemeinen Relativitätstheorie.* 4. November 1915.

Da die noch konventionelle Definition des Abstands im flachen (nicht gekrümmten) Minkowski-Raum nicht gleichermaßen in der gekrümmten Raumzeit gilt, musste sie dort durch einen abstrakteren Ausdruck ersetzt werden, wie auch eine Geometrie erforderlich war, mit der die Flächentheorie von Gauß auf gekrümmte Räume in vier Dimensionen erweitert werden konnte. Einsteins damalige mathematische Kenntnisse reichten dafür nicht aus, und so wandte er sich 1912 an seinen ehemaligen Kommilitonen Marcel Grossmann, der nun in Zürich Professor für Mathematik war. Einstein habe „ihn gebeten, in der Bibliothek nachzusehen, ob es eine geeignete Theorie zur Behandlung derartiger Fragen gäbe. Am nächsten Tag sei Grossmann gekommen (...) und habe gesagt, es gebe tatsächlich eine derartige Geometrie, nämlich die Riemannsche Geometrie."

In der Folge suchte Grossmann nicht nur die Arbeiten von Riemann hervor, sondern auch jene von Christoffel, Ricci und dessen Schüler Levi-Civita, die mit den Forschungen zum absoluten Differentialkalkül in gekrümmten Räumen, der Formulierung der Christoffelsymbole zur Tensoranalysis und der kovarianten Ableitung teils bereits im 19., teils erst im 20. Jahrhundert das mathematische Instrumentarium entwickelt hatten, das sich nun zur Formulierung der allgemeinen Relativitätstheorie als unverzichtbar erwies.

Es dauerte aber noch etwa drei Jahre, um den Gedanken eines Gravitationsfeldes, in dem die Metrik des vierdimensionalen, gekrümmten raumzeitlichen Kontinuums und die Faktoren der Energie und des Impulses sich wechselseitig bedingen, in eine Formel zu fassen, was Einstein am 4. November 1915 gelang.

Experimentelle Bestätigung der vorherberechneten Lichtablenkung (1919)

Während der Sonnenfinsternis vom 29. Mai 1919 bestätigten Beobachtungen Arthur Eddingtons, dass die Ablenkung des Lichts eines Sterns durch das Schwerefeld der Sonne näher an dem von der allgemeinen Relativitätstheorie vorhergesagten Wert lag als an dem der newtonschenKorpuskeltheorie.

Joseph John Thomson, Präsident der Royal Society, kommentierte den Befund wie folgt:

„Dieses Resultat ist eine der größten Errungenschaften des menschlichen Denkens.“

Die experimentelle Bestätigung der damals kurios anmutenden Vorhersage Einsteins machte weltweit Schlagzeilen. Die plötzliche Bekanntheit sorgte fortan dafür, dass sich Einsteins Vorträge größter Beliebtheit erfreuten. Jeder wollte den berühmten Wissenschaftler *in persona* erleben. In den Jahren von 1920 bis 1924 entstand auf Initiative von Erwin Freundlich, einem langjährigen Mitstreiter, der Einsteinturm in Potsdam. Er diente seither astronomischen Beobachtungen, nicht zuletzt zu dem Zweck, Einsteins Theorie weiteren Überprüfungen zu unterziehen.

Princeton 1932–1955

Reisetätigkeit und deutsche Ausbürgerung

Seine zunehmende Bekanntheit nutzte Einstein für etliche Reisen: Mit Genehmigung des Preußischen Kultusministeriums hielt er Vorlesungen auf der ganzen Welt. 1921 unternahm er seine erste Reise in die USA mit mehrmonatigem Aufenthalt. Zahlreiche Ehrendoktorwürden wurden ihm zuteil, darunter die der Princeton University, wo er später lehren sollte.

Alsbald plante er, fortan die Hälfte des Jahres in Princeton, New Jersey, die andere in Berlin zu verbringen. In Berlin war er wegen seiner pazifistischen Haltung zunehmend zum Gegenstand politischer Debatten geworden.

Im Dezember 1932 reiste er erneut nach Pasadena (Kalifornien). Einstein reiste nach der Machtübernahme des NS-Regimes (30. Januar 1933) im März/April 1933 nach Europa; er gab in der deutschen Botschaft in Brüssel seinen Reisepass zurück.

Der Preußischen Akademie der Wissenschaften, der er 19 Jahre lang angehört hatte, teilte er am 28. März 1933 schriftlich (mit Bedauern) seinen Austritt mit und würdigte die Anregungen und menschlichen Beziehungen dort. Damit kam er einem Ausschluss zuvor, der sich nach der Veröffentlichung einer nicht für die Presse bestimmten pazifistischen Erklärung abzeichnete. Ferner waren zu dieser Zeit bereits zwei weitere Unterzeichner des gegen die Machtübernahme des NS-Regimes gerichteten *Dringenden Appells* (Heinrich Mann und Käthe Kollwitz) zum Verlassen der Akademie gezwungen worden. Am 20. März hatte man Einsteins Haus in Caputh durchsucht, im April auch seine Stadtwohnung in der Berliner Haberlandstraße 5 (heute Neubau, Nr. 8). Am 4. April 1933 stellte Einstein einen Antrag auf Ausbürgerung (Entlassung aus dem preußischen Staatsverbund). Ein vierseitiger

Brief vom 28. März 1933 an Einsteins Schwester Maja, in dem Einstein und seine Gattin ihren Wunsch nach Ausbürgerung mitteilen, wird im Jahre 2018 versteigert. Der Antrag wurde abgelehnt; ihm wurde die Staatsangehörigkeit per Strafausbürgerung (am 24. März 1934) aberkannt, und er wurde auf die zweite Ausbürgerungsliste des Deutschen Reichs gesetzt.

Am 8. April 1933 wandte sich die Bayerische Akademie der Wissenschaften an ihn und bat ihn um eine Erklärung bezüglich seiner Haltung zur Bayerischen Akademie, in die er 1927 als korrespondierendes Mitglied aufgenommen worden war. Einstein antwortete am 21. April aus dem belgischen Ferienort De Haan, die Gründe für sein Ausscheiden aus der Preußischen Akademie würden an und für sich *nicht* eine Lösung seiner Beziehungen zur Bayerischen Akademie bedingen. Dennoch wünsche er, aus der Mitgliederliste gestrichen zu werden. Die Deutsche Akademie der Naturforscher Leopoldina hatte Einstein bereits Anfang 1933 mit einem Bleistifteintrag in ihren Matrikelbüchern als Mitglied gestrichen. Am 10. Mai 1933 proklamierte Propagandaminister Joseph Goebbels: „Jüdischer Intellektualismus ist tot“ und ließ im Rahmen der öffentlichen Verbrennung „undeutschen Schrifttums“ symbolisch auch Schriften von Einstein verbrennen. Einstein fand auch heraus, dass sein Name auf einer Attentatsliste mit Kopfgeld von 5000 Dollar stand. Eine deutsche Zeitschrift setzte seinen Namen auf eine

Liste der Feinde der deutschen Nation mit dem Kommentar: „noch nicht gehängt“

Private Situation im Exil

Seine letzte Auslandsreise außerhalb der USA nach seiner Übersiedlung dorthin unternahm Einstein 1935 auf die zu Großbritannien gehörenden Bermuda-Inseln, ein Zwangsaufenthalt aus formalen Gründen, da er damals noch nicht US-Staatsbürger war.

Im Jahr 1936 starb Einsteins Ehefrau Elsa. 1939 kam seine Schwester Maja nach Princeton – allerdings ohne ihren Mann Paul, der keine Einreisegenehmigung erhalten hatte. Sie wohnte bis zu ihrem Tod 1951 bei ihrem Bruder.

Im Jahr 1938 half er zusammen mit Thomas Mann dem Schriftsteller Hermann Broch, der im zuvor „angeschlossenen“ Österreich kurze Zeit inhaftiert worden war, ebenfalls in die Vereinigten Staaten zu emigrieren. Beide blieben im Exil miteinander befreundet. Wie diesem verhalf Einstein auch seinem Caputher Architekten Konrad Wachsmann und zahlreichen weiteren bedrohten jüdischen Künstlern und Wissenschaftlern durch Empfehlungsschreiben und Gutachten zur Ausreise aus Deutschland und zur Einreise in die USA.

Am 15. Dezember 1938 trat er aus der Accademia Nazionale die Lincei in Rom aus, nachdem diese zuvor alle 27 jüdischen italienischen Mitglieder ausgeschlossen hatte.

Am 1. Oktober 1940 erhielt Einstein die US-amerikanische Staatsbürgerschaft. Die schweizerische Staatsbürgerschaft (Bürgerort Zürich) behielt er zeitlebens.

Einsteins Unterschrift zur Atombombe

Die Entdeckung der Kernspaltung im Dezember 1938 durch Otto Hahn und Fritz Straßmann in Berlin beschwor in der Wissenschaftsgemeinde die Erkenntnis einer nuklearen Bedrohung herauf. Im August 1939, kurz vor Beginn des Zweiten Weltkriegs, unterzeichnete Einstein einen von Leó Szilárd verfassten Brief an den amerikanischen Präsidenten Franklin D. Roosevelt, der vor der Gefahr einer „Bombe neuen Typs“ warnte, die Deutschland möglicherweise entwickle und gar bald besitze. Angesichts von Geheimdienstberichten um entsprechende deutsche Anstrengungen wurde der Appell erhört, zusätzliche Forschungsgelder wurden bereitgestellt: Das Manhattan-Projekt mit dem erklärten Ziel der Entwicklung einer Atombombe war aus der Taufe gehoben.

In seinen Memoiren vertritt Einstein die Auffassung, dass er sich zu leichtfertig von der Notwendigkeit der Unterzeichnung dieses Briefes überzeugen ließ. Am

16. November 1954 sagte er zu seinem alten Freund Linus Pauling:

“I made one great mistake in my life — when I signed the letter to President Roosevelt recommending that atom bombs be made; but there was some justification — the danger that the Germans would make them.”

„Ich habe einen schweren Fehler in meinem Leben gemacht – als ich den Brief an Präsident Roosevelt mit der Empfehlung zum Bau von Atombomben unterzeichnete; aber es gab eine gewisse Rechtfertigung dafür – die Gefahr, dass die Deutschen welche bauen würden.“

– Albert Einstein: Aufzeichnung Linus Paulings

An den Arbeiten war Einstein jedoch gänzlich unbeteiligt. Er wurde zwar von Vannevar Bush im Dezember 1941 zu einem Problem, das in Zusammenhang mit der Isotopentrennung stand, um Rat gefragt, wurde aber für das FBI und offizielle Stellen in Washington unter anderem wegen seiner unverhüllten Sympathien für den Kommunismus als Sicherheitsrisiko eingestuft und von den US-amerikanischen Geheimdiensten beobachtet. Er durfte deshalb offiziell nicht näher in technische

Einzelheiten des Manhattan-Projekts eingeweiht werden und durfte sogar offiziell keine Kenntnis der Existenz des streng geheimen Projekts erhalten. Er war aber an einer Zusammenarbeit mit dem US-Militär interessiert und beriet ab Mai 1943 die US-Navy über Sprengstoffe und Torpedos. Als Beitrag zu den Kriegsanstrengungen stiftete er sein Originalmanuskript über die spezielle Relativitätstheorie von 1905, das in Kansas City im Februar 1944 für 6,5 Millionen US-Dollar versteigert wurde, die in Kriegsanleihen der USA investiert wurden.

1945 trat Leó Szilárd erneut an ihn heran, diesmal zur Verhinderung des Einsatzes von Atomwaffen nach der Kapitulation Deutschlands, und Einstein schrieb ein wegen Roosevelts Tod folgenlos gebliebenes Empfehlungsschreiben für Szilárd an Präsident Roosevelt, damit Szilárd dort seine Bedenken hätte vortragen können. Nach dem Abwurf der Atombombe wurde Einstein, der zunächst schwieg, zur Stellungnahme gedrängt, nachdem sein Schreiben an Roosevelt von 1939 durch den Smyth Report bekannt geworden war. In einem Interview mit einem Journalisten der *New York Times* sprach er sich im September 1945 für eine Weltregierung aus, um künftig Kriege zu verhüten, kam darauf auch im Rahmen einer Nobel-Gedenkrede im Dezember 1946 in New York zurück und engagierte sich in dem von Szilárd ins Leben gerufenen *Emergency Committee of Atomic Scientists*, setzte sein Engagement für

internationale Rüstungskontrolle aber auch nach dessen Ende 1948 fort. Über seine eigene Beteiligung bei der Initiierung des Manhattan-Projekts urteilte er im März 1947 in einem *Newsweek*-Interview, dass er dies nicht getan hätte, wenn er vom geringen Fortschritt der Deutschen in deren Atombombenprojekt gewusst hätte, und dass die Entwicklung im Übrigen auch ohne ihn erfolgt wä

Emeritierung:

Nach dem Krieg prägte sich der Öffentlichkeit das Bild des alten, sich nachlässig kleidenden Professors in Princeton ein.

Er wurde häufig um Stellungnahmen ersucht und von hohen Staatsgästen besucht wie Jawaharlal Nehru. Auch nach seiner Emeritierung 1946 arbeitete er weiter mit Assistenten am Institute for Advanced Study an seiner Vereinheitlichten Feldtheorie. Seine letzten Jahre waren durch den Tod seiner Schwester Maja 1951 und anderer Freunde getrübt. Im Mai 1953 nahm er in einem in der *New York Times* veröffentlichten Brief gegen die McCarthy-Ausschüsse Stellung und rief zur Aussageverweigerung auf. 1954 unterstützte er Robert Oppenheimer in dessen Sicherheitsanhörungen.

Haltung zu Deutschland

Die von Deutschen betriebene Vernichtung der Juden während der Zeit des Nationalsozialismus war für Einstein der Grund dafür, die gegenüber Arnold Sommerfeld im Dezember 1945 brieflich bekundete allgemeine Ablehnung bis zu seinem Lebensende aufrecht zu erhalten: „Nachdem die Deutschen meine jüdischen Brüder in Europa hingemordet haben, will ich nichts mehr mit Deutschen zu tun haben, auch nichts mit einer relativ harmlosen Akademie.“ Er fügte auf Sommerfeld und einige andere bezogen hinzu: „Anders ist es mit den paar Einzelnen, die in dem Bereich der Möglichkeit standhaft geblieben sind.“ Auch Jahre nach dem Krieg sah er kein ausgeprägtes Reue- oder Schuldgefühl in Deutschland und vermied weiter jegliche Einlassung mit den dortigen öffentlichen Institutionen.

Ein Ansinnen von Otto Hahn, Mitglied der Max-Planck-Gesellschaft zu werden, wies er brüsk mit ebenso deutlichen Worten zurück wie jenes von Sommerfeld, ihn wieder in die Bayerische Akademie der Wissenschaften aufzunehmen, oder das von Theodor Heuss bezüglich des Ordens Pour le Mérite. Er wollte auch nicht, dass seine Bücher künftig in Deutschland erscheinen. Auf die Nachricht, dass sein Freund Max Born zurück nach Deutschland ziehen wollte, reagierte er mit Unverständnis. Seine

Abneigung gegen Deutschland übertrug er allerdings nicht generell auf einzelne Personen oder Kollegen, insbesondere nicht, wenn sie wie Sommerfeld, Max Planck und Max von Laue Distanz zu den Nationalsozialisten bewahrt hatten.

Sorge um den Frieden

Trotz seiner Gebrechen fand er auch noch kurz vor seinem Tod die nötige Kraft, um für seine Vision vom Weltfrieden einzutreten. So unterzeichnete er am 11. April 1955 zusammen mit zehn weiteren namhaften Wissenschaftlern das sogenannte Russell-Einstein-Manifest zur Sensibilisierung der Menschen für die Abrüstung. Die letzten Notizen von Einstein betreffen eine Rede, die er zum Jahrestag der israelischen Unabhängigkeit halten wollte. An dem Entwurf arbeitete er noch am 13. April 1955 zusammen mit dem israelischen Konsul. Am Nachmittag desselben Tages brach Einstein zusammen und wurde zwei Tage später ins Princeton Hospital gebracht.

Tod

Einstein starb am 18. April 1955 im Alter von 76 Jahren in Princeton an inneren Blutungen, die durch die Ruptur eines Aneurysmas im Bereich der Aorta verursacht worden waren. An dem Aneurysma hatte Einstein schon seit Jahren gelitten. Es wurde bei einer Laparotomie Ende 1948 entdeckt, nachdem sich Einstein immer wieder über Bauchschmerzen beklagt hat. Aufgrund von Gesundheitsproblemen hatte er schon seit Ende der 1940er Jahre Princeton kaum noch verlassen. Die Nachtschwester Alberta Rozsel des *Princeton Hospital* war bei Einstein, als er starb. Sie berichtete, dass er kurz vor seinem Tod etwas auf Deutsch gemurmelt habe. Der Pathologe Thomas Harvey nahm nach der Obduktion das Gehirn und die Augen von Albert Einstein an sich. Seine Intention war vor allem, das Gehirn für weitere Untersuchungen seiner womöglich einzigartigen Struktur der Nachwelt zu erhalten. Die Hinterbliebenen gaben ihm rückwirkend ihre Einwilligung dazu. Der größte Teil des Gehirns befindet sich heute konserviert im *National Museum of Healthand Medicine* in Chicago, die Augen in New York. Einsteins Wunsch entsprechend, wurde sein Körper verbrannt und die Asche an einem unbekannten Ort verstreut.

Quellen zum Nachwort: Aus: Wikipedia (dt.)

Art. Albert Einstein: Que Nr. 1-83